天下女人都会犯的错

梦洗 著

she hesitated before

时代文艺出版社

图书在版编目（CIP）数据

天下女人都会犯的错 / 梦洗著. -- 长春：时代文艺出版社, 2015.12

ISBN 978-7-5387-4865-9

Ⅰ. ①天… Ⅱ. ①梦… Ⅲ. ①女性－修养－通俗读物 Ⅳ. ①B825-49

中国版本图书馆CIP数据核字（2015）第170514号

出品人　陈　琛　杨海峰
产品总监　郭力家
选题策划　吴　迪　方　伟
责任编辑　付　娜
装帧设计　孙　利
排版制作　李玉龙

天下女人都会犯的错

梦洗 著

出版发行 / 时代文艺出版社
地址 / 长春市泰来街1825号　时代文艺出版社　邮编 / 130011
总编办 / 0431-86012927　发行部 / 0431-86012957　北京开发部 / 010-63108163
网址 / www.shidaicn.com　印刷 / 北京市通州兴龙印刷厂
开本 / 880mm × 1230mm　1 / 32　字数 / 189千字　印张 / 9.25
版次 / 2015年12月第1版　印次 / 2015年12月第1次印刷　定价 / 35.00元

图书如有印装错误　请寄回印厂调换

◎ 无论你多爱他，以爱之名，可以给对方的最好的礼物，就是允许他拥有自由。

目录

PART 1 心态篇

PART 3 实战篇

Juicy
pop
Tube

PART 1

心态篇

错误1　顺着感觉陷下去就对了，一见钟情才刺激！

梦洗说：你错了，先做朋友感情才能长久。

当我年轻时，青春懵懂不知死活地谈过几场天雷勾动地火的短命恋情之后，慢慢地学会“**把男人先当朋友来经营**”，会是一个既能让自己的头脑保持清醒且让对方不至于觉得毫无希望却又能从友谊中观察出一个人品行的好方法。

我知道情投意合时一切都是那么的迫不及待，尤其荷尔蒙经常让年轻男女莫名其妙地就直冲本垒！如果你觉得“我还年轻，心情还不定”，我很鼓励女孩们在确保自身安全的条件下，趁年轻多谈几场恋爱累积经验值，绝对能帮助你磨炼看男人的眼力。

当然，也有人很幸运地一吻定江山，不用在婚姻路上寻寻觅觅。但是不管你是已婚还是未婚，和你的伴侣能够有友谊作为基础，绝对能让两人的恩爱持久，使外人搞破坏的概率也大大降低！

以下的心得，都是我的亲身经历和血泪教训：

一、一见钟情不代表天长地久

因一见钟情而开始的恋情感觉都会很强烈，但其实是荷尔蒙互相吸引，若无更多基础，上过床以后感觉就会越来越淡。

通常要男女双方都有一定的成熟度，才能在发生关系以后，还能以冷静的态度检视彼此的关系，继续培养友谊，而不是急着承诺及定义未来。不然，一般状态就是马上切换到热键开始你侬我侬，度过热恋期以后，才发现两人个性不合，目标不一致，对爱情的认知更是天差地别。到了这个阶段，通常女人会认为男人变了，男人却觉得女人很难取悦，女人想要沟通，男人认为是找麻烦，两人渐行渐远，因为都认为自己没有错！

二、男人有“猎人”天性

越是积极进取的男人，“猎人”特质越重。根据科学家研究，缺乏“猎人”特质的男人，精子也比较不优良，甚至可以说，越是优秀的男人，越会想要积极地留下后代。当然，这是科学研究不是社会常态，但是有吸引力的男人通常都具有猎人般的天性，对于轻易到手的事物不会太珍惜。

这不是说男人一辈子都会见猎心喜，没有靠岸停泊的一天，而是说只要他对你有意思，你要长时间跟他做单纯朋友以吊他胃口，他也会欣然从命。有时候，这类红粉知己的地位，还会重于他的老婆、女友、妈妈，这一切都是因为他“还没有得到你”。就因为这个致命原因，他会心甘情愿地跟随你的步调，让你慢慢检视他是否能够除了成为你的朋友之外，还会成为好男友或好老公。因此，聪明的女孩儿会懂得跟他至少相处一到三个月来建立友谊（这当然意味着不能太过亲密），通过观察两个人的互动模式来决定是否交往，而不会被一时的激情冲昏头脑。

三、从他的朋友看他的为人

不管你是已经被他电到意乱情迷还是微微心动，都要尽量客观理性地观察他的人际互动，并且善用女性的直觉，在感觉不对时，告诉自己这是个警讯。

首先要观察他的朋友，**男人交的朋友会间接透露他是个怎样的人。**他的朋友是否都是浪子玩家？在一起只会喝酒打牌混夜店？他是不是总被拱去付账的冤大头？对于吃喝玩乐的聚会，他是有节制地参与还是有邀必去？从这些方面都可以看出他所交往的朋友是匪类居多，还是上进青年居多，当然不是说不能喝酒打牌，不能吃喝玩乐，而是要适度，如果每天都喝到要人抬回去，或朋友都是牛鬼蛇神，除非你的心脏和胆量够大，不然就等着收拾烂摊子吧！

如果他根本没有朋友（点头之交不算）呢？那更可怕！通常这类男人不是特别孤僻，就是太过自傲，眼里瞧不起其他人，因此不屑与人为友。一旦你跟他在一起，他会要求你把他视为生命重心，要你做他的保姆、哥们儿，甚至女仆！孤僻型会摆出一副没有你会死的可怜模样；自傲型则会控制你的思想和行为，要你变成为他量身定做的完美娇妻！

另一种工作狂型的男人，或许看起来朋友很多，但是你仔细观察就会发现：他所有的社交都跟赚钱有关！也就是说，他没有非营利性质的朋友，所有朋友都是圈内同行，不然就是生意伙伴，聚会的目的都是为了事业、生意和赚钱。

当然，男人有野心和抱负非常好，我们都喜欢有事业的男人，但要是你想邀他参与一些纯娱乐活动，看展览，欣赏音乐和电影，却都被他以浪费生命为由拒绝，你难道不会觉得他的人生太过枯燥乏味？赚钱是要拿来打造金棺材吗？

我曾经交往过这一类型，初期他为了追求我，还愿意假装看个电影之类，在一起以后，就越来越不愿意“浪费生命”，全天下他觉得唯一不浪费的事情就是赚钱，却也经常赔钱，他一直在赚了赔、赔了赚的循环中，像黄金鼠一样爬滚轮。甚至后期我们的约会，还变成我去他公司陪他工作吃便当，他做他的工作，我吃我的便当，两个人也不交谈，真的乏味到极点。这样过个几十年，还不如买个大型盆栽回家，至少看了心情好。

四、观察他的情史

另一个要注意的就是他的过往情史，除非他是白纸一张，等待你尽情挥洒，否则**男人比女人更容易建立习惯模式，因此“他的过去就是他的未来”**，大约八成不会错！如果你是第三者介入，恭喜你有一有二必有三，就算他说你是他的真命天女，但是他没有说不会换人做做看。会让交往对象重叠的男人，天性不甘寂寞，无法忍受自己需要女人时，身边却没有女人，也无法忍受腻了的感觉。唯一让他不腻的方式，就是大家轮流，这样你懂了吧？就算他追求你时，坦白地告知和女友还没有断，你也别天真地以为他会处理，这一类男人通常都会耍无赖，看谁受不了先走而已。

还有一个类型是对前任念念不忘，无论他是怀恨在心或是旧情绵绵不断，这都很不健康。如果你爱上这样的他，就更不健康！遇到心里还有疙瘩的男人，你要先以朋友的立场，鼓励他走出情伤，并且明确告知对方，自己不是替代品，请他确定放下旧情以后，你们才有未来可言，否则你只能作为一个朋友给他关心，因为你需要的是一份完整的爱！

当然，也有很多例子是在有你陪伴以后，他渐渐走出阴霾，你的重要性也慢慢取代前任，但若是旧伤口能够在还没有交往以前就愈合，你不是更没有心理负担吗？

五、观察他如何对待你

他如何对待你，当然是最重要的一环！女人容易有“热烈追求等于很爱”的迷思，当一个男人对你认识不深就铆足全力追求，并不见得是好事。显而易见的就是，他根本不了解你，他对你的夸赞可能都是他的想象。而要是他因为太会幻想，导致追到你之后幻灭，到底是你还是他比较冤枉呢？

但他若斤斤计较，出去约会的每一分钱都要跟你平均分摊（注意，你愿意出你的那一份是你的原则，但要是他能力尚可，**男人真的**

喜欢你，就会愿意付出），这里讲的不是要男人打肿脸充胖子，而是他如果连一杯饮料或是送你去车站等芝麻绿豆的小事都不愿意付出，很显然他是个自私自利的人。这类人会把别人的好意视为理所当然，偶尔付出却要别人铭感五内、没齿难忘，如果你不是做慈善，就连当朋友都可以谢谢不必再联络。

六、观察他的家族互动

我几乎可以笃定、肯定、坚定地说，除非他的家人都是邪魔外道和地痞流氓，只有他出淤泥而不染，一个和家人之间感情好、默契深的男人，人品差不到哪里去！家庭是每个人休养生息的地方，跟家人的相处也是一个人最不矫饰、最放松的时候。

除非他是孤儿，或是很小就出来打天下，从而造成他跟家人聚少离多，否则观察他如何与自己的亲人相处，可以从中了解你跟他的环境差异、他的家庭观念以及他是否尊重女性。

特别要注意的就是他跟母亲的关系。在心理学层面，**一个跟自己母亲关系不够健全的男人，几乎注定了他跟女性建立对等关系时，都会产生障碍**，包括和母亲太过亲密或太过疏离，都不是正常状态。对母亲有愤怒和憎恨情绪的男人，通常潜意识觉得获得的母爱不够，觉得自己不被爱、不被关注，极有可能因此对日后的伴侣在爱情滋养上需索无度，甚至严重者会有强烈的控制欲望，一举一动都要你以他为优先！跟母亲太过亲密，也就是俗称的“妈宝”，不仅会为伴侣带来严重的婆媳问题，通常也是生活自理能力差、需要别人细心伺候的大老爷。看到这里，你应该知道观察他跟他妈妈的关系有多么重要了吧！

七、朋友阶段的相处技巧

如果你也觉得，自己可以先跟那个可爱的家伙做几个月的朋友，并且不担心因为自己不肯跟他更进一步而失去他（说实在的，会以此要挟的男人，可以直接出局），有一些相处上的小技巧，可以帮助你在这几个月甚至更长的时间里，跟他的关系能够维持轻松愉快，而且不会让他有被耍着玩的感觉。

当他邀你过夜："我也很想去，但是你知道我父母（室友、好朋友）会生气，以后有机会再说，好吗？"（虽然老套，但是很管用，要是他尊重你，不会让你冒被亲友骂个臭头的危险。）

当他想从牵手进展到东摸西摸：牵手是朋友关系的底线，当你给他牵手，他以为能够得到更多，这是很自然的想法。这个时候，要是你把他的手甩开或是拒绝，就会让他的心凉了一半，也会中断可能有所发展的恋情。因此，比较恰当的对应方式是假装很痒。当他的手开始不乖时，你就咯咯娇笑，请他不要这样，搞得你好痒；要是他还要继续乱摸，你也搔他痒，让两人由暧昧气氛转为朋友之间的打闹状态，不过别越玩越过火，弄得太激情就会破功。

不必一直跟他强调“我们是朋友”：你一定觉得奇怪吧？我是说了半天，要把男人当朋友，但是不能总是跟对方强调我们只是朋友。朋友们，这就是学问啊！**男女之间的攻防战，其精髓就在于很多事“只能意会而不能言传”**，可以做，但是不能说破，一旦说破就没有想象空间，没有空间也就扼杀了可能性。虽然叫你先把男人当朋友，但你要是真的每天跟他说，你们是好朋友，要他别想太多，男人就会觉得自己毫无希望而打退堂鼓。所谓的当朋友，意思是说，当他急着想把你搞定时，你可以说“我希望我们可以多了解对方，以后的事情顺其自然”“我理想的伴侣关系，双方不仅是情人，还要是朋友”“我是个慢热的人，希望你能谅解”“要是你真的喜欢我，请你尊重我的步调”“我真的很喜欢你，但是我认为太快了，我还没有准备好”。简单来说，就是**要让男人知道你也欣赏和喜欢他，乐于有他为伴。**先做朋友是你的原则，而且“不容置疑”，他要是不愿意等，就请他离开。

当他献上厚礼，或是为你挥霍无度，你要明白：出来混，总是要还的。接受追求者的昂贵礼物所要付出的代价，有时候不是当时就能知道的，也不见得是你以为的代价。男人为了讨你欢心，有时候会献上礼物，如果是心意大于价值的物品（例如亲手做的生日卡片），建议你真心诚意地感谢他，并且收下，因为你的感谢就是他最好的报酬。但是如果这份礼物，你不是真正需要或是想要，他却为了证明自己有能力用钱砸死你而送上，不要收下才是明智之举。你可以说自己觉得两个人的关系没有到这种程度，自己承担不起，也可以说自己不需要。

总之，拒绝厚礼反而能让男人对你另眼相看，因为**越是有钱的男人，心里越是希望能遇到不为钱所动的女人。**若是一个穷小子愿意为你散尽家财，你更要教育他：钱，可以运用在更好的地方。**一个真正独立自主的女人，会懂得享受男人适度的付出，但是也会守住分寸，不会接受太过的款待。**

·

先跟男人培养友谊，主要的立意在于“认清良人、避免伤害”，但是如果你自认玩得起放得下，自己能承担风险，也能够接受爱如风火雷电逝去如雨后朝露，那你高兴就好，也没有人会说这样不对。

这是你的人生，要怎么过怎么选择，操之在你，我能够做的就是像个向导般，告诉大家走左边容易遇到毒蛇猛兽，右边的路比较鸟语花香。但是你要走哪一边，我都没有意见，因为遇到毒蛇猛兽，说不定也会因此造就女印第安纳·琼斯啊！

人生没有所谓“正确”的道路，只有每个人喜欢跟不喜欢的方式而已，就像青菜萝卜各有所爱，遇到什么事情并不重要，重要的是我们的处理方式以及看待它的态度，更进一步的就是能从中学习，让自己成长精进！

犯错语录

◎ 把男人先当朋友来经营。

◎ 男人交的朋友会间接透露他是个怎样的人。

◎ 男人比女人更容易建立习惯模式，因此“他的过去就是他的未来”。

◎ 男人真的喜欢你，就会愿意付出。

◎ 一个跟自己母亲关系不够健全的男人，几乎注定了他跟女性建立对等关系时，都会产生障碍。

◎ 男女之间的攻防战，其精髓就在于很多事“只能意会而不能言传”。

◎ 要让男人知道你也欣赏和喜欢他，乐于有他为伴。

◎ 越是有钱的男人，心里越是希望能遇到不为钱所动的女人。

◎ 一个真正独立自主的女人，会懂得享受男人适度的付出，但是也会守住分寸，不会接受太过的款待。

错误2 如果我是个好女人，为何还没有结婚？为何嫁错郎？为何无法嫁入豪门？

梦洗说：你错了，女人真正的价值，不是以她的处境来判断，而是在于她的自信。

无论何时，在各大论坛，总是可以看见类似话题，这些是我最近搜寻到的：

“有没有女孩儿超过三十岁还没有结婚？”

“三十岁未婚，没有对象的苦。”

“我今年三十岁，根本不想结婚。”

“做得要死要活，还要被公婆嫌弃。”

“她的条件也没有多好，竟然能嫁入豪门？”

内容不是抱怨和诉说自己年过三十嫁不出去，就是抱怨和诉说自己年过三十不想嫁就被当作怪胎，嫁出去的则是抱怨老公与公婆，认为“嫁入豪门”就代表好命的言论更是不稀奇。

这个话题，我很有资格发表意见，因为我就是那个年过三十还嫁不出去，而且在遇到我老公以前，我估计自己是超过四十应该都嫁不出去的人。

当事人已经够惨了，但是社会上总是充斥着许多贬低女人的刻板印象，诸如：

“男人不管自己几岁，永远喜欢年轻女人。”

“二十几岁的女人，比较有筹码，可以挑到好老公。”

“为了能生出健康宝宝，当然要找年轻女人做老婆。”

“女人不结婚，老了会很可悲。”

“过了三十岁还嫁不掉的女人，都是眼光太高，不然就是条件太差。”

对于上述言论，虽然是社会的常态，但不是绝对的真理，因为放眼望去，还是可以找到一些女人，她们已经三十岁甚至四十岁或是五十岁了，仍然可以嫁得很好；或是选择不要婚姻，但是活得自在开心。

其差别不是在于这些女人一定是名流或艺人，而是在于她们很有自信，并且充分了解自己的价值。

当然，其中也有不少嫁入豪门，后来却落得一场空的案例。**这之间的差异，我觉得是在“眼光”和“运气”。**

能够嫁得好，运气成分是一定有的，但要嫁得对，我觉得需要非常了解自己且独具慧眼。

很多女人在抱怨自己“嫁不掉”“嫁错郎”“不想嫁”的同时，多半会把责任推给环境，但是事实上，没有一件发生在你身上的事情，是你完全不需要负责的。

大多数时候，我们很难对一个不是自己主动选择的事件坦然接受而没有怨怼。

如果是自己要负一部分责任也就罢了，但若是刮风下雨、天灾人祸等，就难免会像某些话题中所讨论的那样抱怨：为何有的女人样样好，却嫁给“不值得”的男人？为何有的女人条件普通，却能嫁给家产上亿的男人？

有时候，是因为你的观念和想法改变……因此，你的命运就随之改变。

有时候，就是她有这个命啊！就这么简单。

但是其实我想要说的是：

没有“你完全不用负起责任”的事件、情况、际遇。

打从我们出生起，每个人就或多或少地影响着外界，同时也被外界影响。

因此，我们也都有意无意地，参与了别人某部分的人生，担负着世界的命运。

所以，没有“我完全没有错，我该做的都做了，我怎么可以命不好”这种说法。

没有对错和是非，只有你是否在每一天里，让自己在任何遭遇中，都能不带批判地去面对、处理、放下。

如果你只关注事实，会发现事实本身是中性的，只是一个现象。

就算那件悲惨的事情发生在自己的身上，它也没有因此变得更巨大，它的严重性是你所赋予的，它的痛苦和悲惨是你去加强的。

现象本身是好是坏、是对是错，是相关人等或是路过乡民自己加上去的判断，对事实来说没有意义，也无法改变其存在。

除了特别负面的或是会导致自毁、毁人的行为必须加以劝阻以外，基本上，人生的每个际遇和每个对象，其实都是你自己挑选的生命功课。

那件事和那个人之所以折磨你，唯一用意只是要你成长及懂得。

懂得什么？懂得人类其实极为渺小，能够完全掌握命运是不可能的，而由此你将会学会虚心看待生命中的一切。

我觉得，人生中的所有事情只有一个纲领：做好完善的准备，迎接最坏的打算。

这不是没有自信，相反，我认为这是最有自信的想法！

很多人经常误解自信的含意，**其实自信很简单，就是完全了解和接受自己是个怎样的人**，包括了解自己的优缺点，如此我们才能把优点发扬光大，把缺点修正隐藏（就跟化妆一样）。个性方面也一样，知道自己是个“怎样的人”，往往是许多人穷尽一生都搞不清楚的事情，了解自己以后，就可以对症下药，做出合乎自己天性的选择，或是在面临不合乎天性却又极度想磨合的情况时，至少也知道应该如何调整天性去顺应选择。

因为人生难免会“有一好没两好”，就像爱情与面包这个千古难题，唯有深刻了解并接受自己的人，才能在做出选择以后避免后悔！

为什么女人过了三十岁就不值钱，要降价出售或流血大甩卖？为什么有的三十几岁甚至四十岁或是五十岁的女人，照样能找到爱她和疼她的老公？为什么美女嫁野兽？为什么有的帅哥会娶恐龙？

真相有两种，有时候，这个结果是我们自己的负面能量造成的。

有时候，那是宇宙法则给我们的成长试炼。

你要是看得够多、听得够多，就会发现世间事虽然有约定俗成的，但是也有更多特例，只是特例通常不会高调宣扬而已。

所以，不管你的算盘打得多好，都有可能失算，你唯一能做的就是在任何情况下都诚实地面对自己，知道自己的价值，不让别人帮你标价。

或是更高一层，**世人要标价，随便标高标低，我就是非卖品。**

决定自己的价值，不是要你把自己的定位定得很高，搞得只有王公贵胄才有资格靠近你。

以世俗标准来决定一个人幸不幸福是最肤浅的，因为“世俗标准”是极不可靠的，而且会随着时代和社会局势而变迁。

如果你给自己定出价格，你就是“有价的”，男人得到你以后，会经常评估你还值不值那个价，若你有一天不值那个价，他可能会嫌弃你，甚至会抛弃你。

所有的事情都是等价交换，意思不是说买卖交易，而是说无论当事人有没有意识到，那个公平法则都会在某处产生作用。

没有样样都好的事情，看起来越是完美越可能是假象，因为你不是当事人，不是跟当事人朝夕相处地共组家庭的人，不是去穿那双鞋子的人，你是不会知道那个美满是经由努力还是经由个人的人格特质所造就的。

更别提有多少人喜欢自欺欺人地“完美演出”。看看，那么多的名人在婚姻没有出事以前，哪个不是金童玉女羡煞旁人？因为他们是名人，通过媒体爆料，我们得以窥见部分真相，可是就在你我身边，何尝没有这么硬撑着做戏的红尘男女？

在豪门能过得幸福的媳妇，大体来说，身段要软，要会做人。更重要的是，发自内心，真诚地取悦夫家的姻亲，没有发自内心的行为，瞒得了一时，瞒不了一世。

就算只是嫁到普通家庭，自视甚高，看不起夫家人；或是坚持立场，死都不肯妥协，仗着老公爱自己，公然与公婆或姑嫂对立；或是忍受夫家虐待，只为了委曲求全和不甘心。说实在的，以上的行为，要是你真心爱自己的伴侣，怎么舍得让他日子难过？要是你足够爱自己，又怎么会觉得受到不堪的待遇是自己命苦活该？

更进一步说，真正认识自己，清楚自己的价值，你就完全不会被影响。

你所做的每一个选择所延伸的后果，你都能概以承受。

因为，你很清楚自己的所有一切，外界贴到你身上的标签，只有“事实”和“非事实”。

如果那是事实，何须否认和遮掩？

如果不是事实，更不需要觉得羞辱和委屈。

当你能够坦荡地面对自己，你会很清楚自己的价值，健全的心态应该是：嫁豪门，不会凸显你，也不会贬抑你，你只是爱那个男人，其他收获则是顺便。要是有一天，家道中落困顿无依，家人还得依赖你出去赚钱，你不会觉得自己倒霉透顶，而能够心安理得地共患难。

婚后柴米油盐一肩挑，又要上班又要带孩子，公婆不帮忙也就算了，还会嫌东嫌西，如果你认清这是自己的选择，就没有什么好抱怨，针对事实处理即可。旁人要念随便他念，只要你不跟着回嘴，对方也就会自讨没趣，既然有那么多事情要处理，省下自怨自艾的时间拿来睡觉多好啊！

三十、四十、五十岁都一样，不知道自己的价值就会盲从，别人跟你说不值钱，你就真的以为自己没有人要；别人说你不能再挑三拣四，你就赶快找市场卖龙眼的嫁了。自己觉得条件不好，没有竞争力，干脆自暴自弃，做个彻底放弃恋爱的鱼干女，等到回过神来，才发现这辈子从来没有为自己做过主。

依从别人的看法，做出人生的重大决定，不仅对自己不负责，也是让别人为自己标价。

你如果能够抛开“我值不值得被这样对待”“这是不是我应得的生活”“我是不是吃亏了”这些世俗的计较，你才会真正快乐，才会看到自己的价值。

希望大家都能得到幸福，留在幸福中，感觉到幸福。

女人不要为难女人，更不要为难男人，唯有爱，能够找到相处的正确道路。

错误3　会付出会奉献的女人都是笨蛋，聪明女人要占尽男人的好处？

梦洗说：你错了，男人也不是每一个都好骗。出来混，总是要还的。

我经常跟大家说："行有余力，再谈付出。"对应的话语则是："能承担后果，再接受好处。"

一味付出或是一味接受，都是不平等。从宇宙和世界的逻辑来看，你会发现万事万物无时无刻不在求取平衡。为何比萨塔会越来越倾斜？为何冰山融化会导致天灾海啸？宇宙之间的黄金定律就是：不平衡，最终将会导致毁灭。

套用到**两性关系也是一样：不平衡的关系，最终将会导致毁灭。**到时候，无论是付出的一方，还是接受的一方，都要遭受毁灭之痛。长期被惯坏的公主，也付出了丧失生活自理能力的代价，你看看她变成老公主，还有没有男人愿意照顾她？长期被宠坏的男人，也习惯女人为他做牛做马，但是总有一天，女人会老会死会离开，他只能利用甜言蜜语，看看还有哪个傻女人甘心被骗。到最后，妻离子散，孤老以终。

有智慧的人，都懂得在施与受之间拿捏分寸，找到恰到好处的进退依据，但是平凡如你我，都在修行的路上，不可能一夜之间就臻于化境，从心所欲而不逾矩，因此我自己的评断标准是：生存需求。

每个人生存需求的重要次序都不同，有人不缺面包因此重视爱情，有人认为自由比什么都重要，有人觉得事业成就是唯一价值。

在设定原则的底线时，我们就算亲如家人，最好也丝毫不妥协。例如钱，要有多少钱，才能保障我们自己的基本生存需求？这个就是不能妥协的事情。你爱他，你愿意借钱给他，你愿意帮他背债，你愿意投资他的生意……这样很好，要是你有一百万，你就要评估看看，给多少是你能承担得起血本无归的？你说自己相信他，他不会借钱不还，不会骗你，不会害你。好吧，“他”不会，但是“人性”会，**人性很可能做出最自私的选择。**

所以，要借钱给任何人，最好就认为对方不会归还，不然就别借！这个也是我做人的基本原则。当然，小钱如几百、几千，可以不必太计较，但是上万的钱一定要多想一下儿，毕竟大家都辛苦工作，凭什么你累得半死，他可以不劳而获？

拿男人的钱或礼物也一样，不要以为自己赚到了。男人对于财富的算盘，其实打得比女人更精，女人经常为了虚无缥缈的爱情，钱不当钱，散尽家财，但是**男人很清楚：金钱等于权力。**因此，男人会善用每一分钱，去创造“他的权力”。当他把钱花在女人身上时，其实有意无意地会计算“投资回报率”，例如，要花多少钱才能牵到手，要花多少钱才能上床，诸如此类。

我不是说男人都是这么现实，但是你看看那些社会刑事案件，是不是有供养欢场女人的火山孝子被榨干以后，愤而挥刀砍死女友？在他的心里，还不是认为他付出这么多，有“权力”主宰对方的性命！

当然，也有得了便宜还卖乖的，拿了女人的好处，还不准女人离开（就是危险情人），但是我说的是一般而论。在一般大众的社会道德伦理中，做人就是要有分寸，这个分寸是为了保护自己对别人付出过多或索取过多，因为不是你碰到的每个都是修道人，付出都看佛心，接受都满心欢喜，大多数人都有贪、嗔、痴，都会在付出以后怨怼，在接受时把胃口养大。

我是用钱来举例，但是任何形式的施与受，包括你为他写报告，他为你找工作；你为他做便当，他为你接送之类……其实都是一样，务必做到让双方都心悦诚服，才是两性关系的长久之道。

犯错语录

◎ 这之间的差异，我觉得是在“眼光”和“运气”。

◎ 其实自信很简单，就是完全了解和接受自己是个怎样的人。

◎ 世人要标价，随便标高标低，我就是非卖品。

◎ 在豪门能过得幸福的媳妇，大体来说，身段要软，要会做人。

◎ 两性关系也是一样：不平衡的关系，最终将会导致毁灭。

◎ 人性很可能做出最自私的选择。

◎ 男人很清楚：金钱等于权力。

错误4 到底怎样才算是有骨气的女人？是要很强悍或很泼辣吗？

梦洗说：你错了，真正有骨气的女人，外柔内刚，能屈能伸，乐于分享付出。

女性意识抬头以后，越来越多诉求女性独立自主的作品受到大众欢迎，呼吁女性要放下对男人的依赖、对爱情的渴望、对世俗标准的屈从，做个不靠男人也能活得很好的、有骨气的女人。

以上的话，我有哪点不认同吗？其实，我怎么会不认同呢？我的读者也认为我算是坚强独立女性的代表，要是我还不认同，岂不是在自打嘴巴？

但是，我阅读了很多国内外的两性著作后，发现有的作者，会比较强调“完全不能依赖男人，也不要让男人帮忙或付出”，这个我就觉得大错特错了！

我认同女性本来就应该学习独立自主，但是学习独立自主不代表要牺牲女人味。**有女人味的女人，本来就会适度地满足男性的自尊。**我是说“适度”，不是要你逢迎谄媚或低声下气，而是男人付出时，就开心接受，然后肯定、鼓励、赞美、感谢他，这和独立自主完全不冲突。

讲到女人的骨气，一般人的直觉反应就是“不要靠男人”。

当然，我自己也经常会说这句话，也经常会跟朋友讲这句话，但是我觉得重点在于“不要靠”而不是“靠男人”。

大家都听过“靠山山倒，靠人人跑”吧？

其实，每个人来到这个世界上，都是一个人来、一个人走，关键时刻唯一能够依靠的，只有自己。

我也经常提醒大家，人跟人是相互的，跟你有互动的任何人（包括自己），你用善意以对，善意就会回到你身上；你用恶意以对，恶意也会回到你身上。只是不见得都是以我们能清楚觉知的方式呈现，而且“善有善报，恶有恶报”，有时候还要花点儿时间等待，结果才会出现。

一个人若是对自己很差，觉得自己糟糕又失败，人际关系一定也好不到哪里去，因为负面能量是会传递的。

所以，要怎样才能够“靠男人”，我是真的不懂。因为，即使你觉得这个男人愿意负起经济重任包你吃住，但是在等价交换的宇宙法则下，你不可能没有任何东西和他交换就能得到这一切。

就宇宙法则来说，每个人只能承担自己的生命，就连一个完全没有自主意识的人，他也承担自己没有自主意识所带来的生命代价。简单地举个例子，有的人因为害怕选择以后要承担后果，所以就完全不做选择，其实他还是做出了选择，他做的选择就是“不做选择”，而且很讽刺的是，他依然要为了自己的不选择而承担相应的后果。

“不靠男人”，以女性主义的观点，或许会延伸解释为：不接受男人的礼物（因为我自己会赚钱买），不用男人接送（因为我自己会开车），不让男人帮我夹菜、添饭、倒酒（因为我自己有手有脚），不因为男人喜欢而留长发穿裙子改变造型（我的外形，我爱怎样就怎样），不让男人出钱供我生活（不想欠人情，也不想给他施恩于我的错觉），不让男人帮我处理任何事情（因为我足够能干）。

但是，这样的女人，反而最容易被男人的言行操纵。因为太过在意会不会令男人瞧不起，会不会被认为是“不够独立自主”，所以搞得自己每件事情都要跟男人的好意唱反调，你累不累啊，而且一点儿都不可爱。

“我要是接受男人的好意，我就不够独立。”

“我要是请男人帮忙，我就不够能干。”

“我要是让男人出钱，我就是占他便宜。”

这些才是最在意男人的看法，而让自己活得绑手绑脚却又不轻松自然的态度吧？

所以，“有骨气的女人”如果不是逞强作态，只为了跟男性一较高下，就应该从根本心态去调适，而不是拘泥于表象，每天警惕自己这个不能做那个不能做，提醒自己要很能干不依赖，要比男人更强悍有力……若是这样，你不如去变性算了。

上天之所以创造男女两性，就是因为我们各自有完全不同的生命任务。在古代，男人就是打猎战斗，女人就是生育顾家；到了现代，两性的角色更多元化，但是本质并没有完全背离，所以**女人的武器就是女人味**，而且大多数男人都会期望女人要有女人味，不然我们就不会生为女人，而会是男人。

当你充分发挥“女性”这个性别天生所具有的同情心同理心、照顾疗愈、温柔慈爱、善解人意的特质，当你自然地做自己，也让你的男人做自己时，没有任何人在依靠别人，只有爱的能量在相互交流。

你试想走在乡间，自己又饿又渴，被炙热的太阳晒得头昏眼花，此时面前突然出现一棵苹果树，你高兴极了，急忙躲在树下乘凉，顺手摘下一个甜美多汁的苹果大快朵颐，我敢说你对苹果树一定充满了感激之情，而不会觉得自己是占了树的便宜，或是因接受树的拯救而感到于心不安吧？

其实，绝大多数的男人对于女人的好意正是如此，男人帮助我们并且释放出善意时，希望得到的就是你的感激、你对他的欣赏，就是这么简单而已。

这跟有没有骨气真是八竿子打不着，说穿了，**坦然接受别人的善意及赞美，不仅是基于尊重，更能鼓励对方持续付出**，有能力付出更会为男人建立自信。

他在你这里得到美好的回馈，就会希望自己是个更好的人，就会主动做更多让你开心的事情。

当然，人世间哪件事情没有例外？很有可能你以善意对人，却像是肉包子打狗，有去无回。也有为数不少的男人，会斤斤计较自己的付出，看你“值不值得”他继续投资。我必须说，这些情况都会有。

更常见的剧情是物换星移，或许当初那个爱你珍惜你、对你无怨无悔的他变了，他不再愿意付出，他不再把时间给你，他吝啬跟你分享一切。

遇到这种情况的时候，要是你试图挽回、维系关系还是无力回天，只能请你收拾破碎的心，打起精神离开，振作起来向前走。这个，才是我认为的“女人的骨气”。

甚至，感谢他曾经的爱，感谢他带给你的一切，无论是好是坏，感谢他陪伴过的回忆，感谢他出现在你的生命中，感谢这一切，但是体谅现在的他有别的选择，现在的他就是改变了。

感恩曾经拥有的，并且接受失去的可能，这也是女人的骨气。

只要你的心态正确，就不会要求男人给你的超过你应得的，因为你对自己的价值很清楚。那个价值，不见得要以物质来衡量，更不见得要男人随传随到，而是你能坦然大方地接受他的付出，也能衡量自己的能力来回馈他。你想要他如何对待你就开口要求，但是不要强求他一定要照你的标准来做。

这样一来，你跟男人的相处才会自然，对于男人来说，这自然是你最吸引他、让他愿意待在你身边的最大魅力。

你对我好，我满怀谢意接受。

你对我不好，虽然我无法接受，但我还是体谅你有这样的选择。

要是我愿意待在对我不好的你的身边，我对自己的决定完全负责，因为只有我自己能决定是去是留，如果我留下，就要接受你对我不好的事实。

要是我愿意待在对我很好的你的身边，我会让你知道，我感激并欣赏你为我做的一切，我会让你知道我爱你，但是有一天，你若是要离开，或是我想要离开，我会尽力不让伤害扩大，会理解彼此有其他的生命课题要去完成。

以上所说的都非常理想化，我只能说，我也在朝着这个方向努力中，希望自己能够不断进步。

人生总要有一个目标，朝着更好、更圆满去努力，不然放着老旧积习不去改变，嚷着“反正我就是这样”，对自己、对别人，真的会比较好过吗？真的能心安理得吗？

男人来来去去，我只管问心无愧。

这样对我来说，就是有骨气。

错误5 既然睡都睡了，男人就应该负责啊！

梦洗说：你错了，负责任不是你说了算，别做诈骗集团。

每个人对性的看法不一，我自己是完全没有处女情结（不只是男人，女人也会有，女人的处女情结就是：第一次给你了，所以你要负责到底）。基本上，我不可能因为有这层关系，就硬要对方负责。

负责？我要他负责，他就负得起吗？他很可能负不起，所以我没有打算要利用性达到要男人负责的目的。更何况，他就算很想负责，我也不见得最后要选他啊！

这就是我经常说的，女人要强大起来。我们要有温婉外表和甜美气质，但是不要认为男人应该为我们负责！因为我们要的，男人很可能给不起，他们要搞定自己的人生，就已经焦头烂额了。

有了这层认知，女人就比较不会被性关系绑住，不会总是想“他会不会娶我”“他是不是认真的”等白痴问题……他娶你？他要娶，你敢嫁吗？不是我说，敢娶我的男人，我还真不是每个都敢嫁。

但是，我绝对不是鼓励大家看对眼就可以立刻上床，这样万万不可！因为**在发生关系以前，是女人唯一能够建立相处原则、让男人遵守我们游戏规则的“黄金时段”**，其珍贵就如当红连续剧的广告秒数，一点儿都轻忽不得！

所谓相处制约，就是说：在大多数的情况下，如果女人能在发生关系以前的交往阶段，让男人先养成相处习惯，例如，每天都会打电话，接送你上下班，约会时非常大方，跟朋友聚会都会带着你；在发生关系以后，因为他这些习惯已经养成了几个月，所以大部分感情正常和态度认真的男人，就会把这些好习惯继续带到发生关系以后的交往期（男人天性怕麻烦，不见得会终身遵守这些事项，但是你如果不训练他，就连一开始也不会有）。

如果你没有把男人训练好就发生关系呢？很抱歉，我要举一个例子，男性同胞可能会抗议，但这就如同你没有把小狗训练好定点大便、停止、坐下、握手，就给它食物作为奖励，那它自然就会不愿意被训练，因为它（他）做得不对，不愿意学，甚至犯错，你还是会给它（他）奖励（性），它（他）干吗要听你的话？

我也遇到过男人跟我反驳这个观点，说：“我们男人也不是都会被性控制。”哈哈，我只能说很好笑。抱歉，或许这个跟我抗议的男性同胞做得到不在乎性，但那是因为你是特例！现实中，成千上万的男性同胞做不到，并且确实会被性控制，不然你觉得A片产业的客户是男人多还是女人多？男人真的就是比女人在乎性！

不过，要是你很享受性爱，那另当别论。可即便如此，你虽然不在乎他要不要尊重、会不会认真、想不想娶你，但是至少希望交往步调是照着你的期望而不是他的高兴，那就该晚一点儿上床，先把你喜欢的规则建立好，等到这头牛习惯每天要出去散步时就会起身，那是多么省事啊！到时候，再给牛饲料，牛不仅不会怨你，还会觉得散步以后的饲料更加香甜好吃！

照样来举个实例，以帮助大家进一步了解，如果女人没有想清楚就贸然发生关系，会有怎样的下场？

这是我的博客网友提出的问题，其实很多女人都遇到过，所以遇到这种事情，不要觉得天要塌下来了，毕竟开餐厅难免会遇到吃霸王餐的，但是不能因为这样就把餐厅关掉啊！

我认为应该采取的做法是，在还没有上床以前的认识阶段，若是观察后觉得他值得交往，就会让他明白，不是可以随便玩玩的对象，想要玩玩，请他换间餐厅。

但是我年轻的时候，也交过不想认真的男友，当时，我的个性比较喜欢潇洒自由，也不想被绑住。那个时候大家事先讲好：不想结婚，不要束缚彼此，也相处得很愉快。后来有一天，我发现他在追其他女孩儿，就很酷地跟他说："既然你有想要认真追求的女孩儿，恭喜你，我们分手吧！你专心对待她，反正我跟你一开始就讲好不是认真的。"然后，我就收拾东西离开了。

网友留言：

和白羊男已认识四个月，这段时间，他几乎每天打电话给我，也会约我单独见面，也有时候两个人出去玩，然后一起过

夜。直到最近，我们发生了关系，两个人都情不自禁，我很喜欢他，我想他也对我有好感，但是我有点儿后悔，不应该发生关系。

前几天，我表示希望可以认真交往，不想再假装只是好朋友，他却告诉我说："我不知道自己要什么。你年纪也不小了，如果我们交往，却没有结婚，是浪费你的时间。"我听了以后就想或许他没有那么喜欢我吧。

最后，我告诉他，我们以后不要再联络。我感觉他很难过，但是我们不会在一起，对吧？我感觉自己又傻了一次，真的完全没有机会跟他在一起吗？我觉得自己好笨，为什么总是学不到教训，总是误判男人的想法。

梦洸回复：

傻孩子，发生关系是在确认交往以后才能做的啊，但前提是你确定想要和这个男人交往。

大多数情况下，也就是说，除非男方是个反过来要你负责的草食男，不然性是女人最大的筹码，一旦发生关系，干吗要刻意把自己绑住呢？

女人对男人最无敌的吸引力就是：神秘感。

所以，不要让男人什么都知道，你如果能让他比你更搞不清楚状况，这会让你更具魅力。

顺便提醒大家，即使是遇到正常而认真的男人，你们也确定开始交往，如果你跟他的关系没有到非常深入而且彼此信任的阶段，某些男人在交往初期，跟你上床以后，有可能会短暂消失十天半个月，完全不联络你，或是突然变得很忙。

其实，这是正常反应，他不联络你，一是发生关系以后，你就从“尚未达成目标”变成“已达成目标”，所以他会很心安，觉得你已经属于他，而出于本能地去忙其他“为了追求你而搁置”的事情（很多男人都会这样，别抓狂啊）。

还有一个比较有心机的心态，就是男人想看看你够不够淡定。

他会想知道，你会不会开始夺命追魂call，追问他“怎么上床以后，你就不理我”或是做出任何女人像失心疯似的想绑住男人的举动，而且大多数男人都会下意识地这样测试女人（意思是说，他不知道自己在做测试），所以你要是问他：“你是不是想知道，如果故意不理我，我会如何反应？”他会回答：“没有啊，我为何要这么做？”

他说的是实话，因为在亲热以后跟女人拉开距离的反应是刻在男人的DNA里，他也不知道自己为何会这样，但是他就是会这样，因为他是男人。

有没有上床以后反而更认真的男人？当然有，据我观察，某些男人更有可能会这样。不过我总是跟大家说，我们判断每件事情，要采取“最大公约数的可能性”，因为奇迹不是每天都会发生，不然就不是奇迹。

所以，跟他第一次发生关系以后，最聪明的做法就是：当作这件事没有那么严重。照样过你的日子，最好比上床以前对他更淡定，但是淡定不是说要笨到跟他故意耍酷说："其实，上床真的没有什么。""发生关系以后，我反而觉得不是很喜欢你。"如果你不是这么想，就不要这么说，这是笨蛋才会做的虚张声势，对自己没有好处，男人还会觉得你很随便。

你还是可以继续对他好、继续付出，但是尽量不要太主动，记住：他消失一周是正常反应，要难过请找闺蜜哭诉，至少一个月他没有联系你，你才能确定自己真的是"被白吃了"，而他消失一两周，只是在"测试你的反应"，千万要坚持住。

如果你在发生关系以前，已能先确定彼此是奔着结婚去的男女朋友，就可以更主动一点儿，例如：打电话问他，是不是最近很忙，如果他说是，跟他定个约会日期，因为这是女友可以要求的，之后就让他忙其他事情，不要无理取闹。我经常说，在任何情况下，你都没有资格跟男人吵架，因为吵架根本不算是解决问题的方式。

负面情绪越少的女人，男人越觉得她"稳定、成熟"，能够为自己的选择负责的女人，男人会觉得她"可靠，能一起面对人生"。毕竟没有男人真的跟电影里演得一样，总是要英雄救美，这样太累啦！

犯错语录

◎ 有女人味的女人，本来就会适度地满足男性的自尊。

◎ 女人的武器就是女人味。

◎ 坦然接受别人的善意及赞美，不仅是基于尊重，更能鼓励对方持续付出。

◎ 感恩曾经拥有的，并且接受失去的可能，这也是女人的骨气。

◎ 在发生关系以前，是女人唯一能够建立相处原则、让男人遵守我们游戏规则的"黄金时段"。

◎ 女人对男人最无敌的吸引力就是：神秘感。

◎ 负面情绪越少的女人，男人越觉得她"稳定、成熟"，能够为自己的选择负责的女人，男人会觉得她"可靠，能一起面对人生"。

错误6 像我这样软弱的女人，这辈子注定应该在感情上吃亏吧？

梦洗说：你错了，想要变成坚强女人，当然需要付出时间及努力，但是这很值得。

女人在感情中，或许是基因作祟，总是会有付出过多、不够勇敢的倾向。如何让自己从软柿子变硬，不必再任人揉捏吃个够，也是我经常被读者问到的问题。

我自己对坚强的看法，或许跟一般世俗所定义的不同，我认为真正的强大必须刚柔并济，恰似“以绵羊般的外表，包裹钻石般坚定的心”。

而且，强大不代表要强悍，真正有魅力的女人，都是坚强但不强势，能干而不迫人。女人之所以生为女人，本来就应该善用自己的柔软，而不是一味地争强好胜。

坚强是一种态度，不是虚张声势，通常外在形象越是强势的人，内在越是脆弱不堪，因为他／她若不随时剑拔弩张地提醒别人自己的存在，就会丧失自信，不知道依靠什么，害怕会被瞧不起、被看扁，但是这种做法只能收到短期之效，让人们畏惧和躲避，无法得到发自内心的尊敬。

坚强之路的最大重点是：**做出选择，并且承担后果。**

不过，这个已经足够我们花上好几辈子轮回转世去学习，最难的部分在于，往往我们看不到自己还有选择，往往我们把选择权交给别人时，会忘记这也是一种选择；往往我们遇到外来的横逆或阻碍时，会很难发现：虽然无法改变环境，但是我们的心仍然是自由的，我们的心永远都有选择。

所以，我还是从最基础可行的步骤，教大家慢慢建立强大的内心。当你拥有强大的内心，你会发现自己反而更多愁善感，看到受灾地区的灾民会哭泣，看到流浪动物会心痛，看到不幸的事件会感同身受，看到别人恶意对待自己，会为他感到悲哀，而不是觉得自己被伤害了。

你会因此慢慢发现，自己内在的爱很满，除了供给自己、供给自己所爱的“特别的人”以外，还能更宽大包容地接纳人世间不美好的事情，并且体谅别人的无知愚笨，能感受到负面意念背后的弱小自我。相信我，没有比让被自己伤害的人以怜悯的眼光注视，更能让加害者感到不堪。当你能做到这些，无论是多么严酷的遭遇，你也能坦然“面对、接受、处理、放下”。

一、建立支持系统

支持系统就是爱情对象以外的心灵寄托，强烈建议女人绝对要有男友或老公以外的分享心事的对象，可以是家人、闺蜜、同事、同学、心理医生等，为了避免发生状况找不到人可以倾诉，支持系统当然多多益善。

这些朋友除了让你不会“把鸡蛋（感情寄托）都放在同一个篮子（单一对象）里”，也可以提供另类观点和局外人的旁观者清。俗话说得好，只要不是当事人，就连路人也可以是解惑大师。

但是，支持系统的基础在于“投桃报李”，要是你是那种有异性没人性、只要谈恋爱朋友就扔一边而失恋以后才到处找人哭诉的损友，你以为有多少人愿意一再让你消费？空闲时，多让朋友倒垃圾，等你需要支持时，系统才会健全运作。家人也是一样，例如，我平常在家作威作福，但是有时候还是要买点心回家孝敬家人。这些功夫平常就要做，否则除非别人上辈子欠你，不然哪天每个号码打过去都被按掉，你就知道自己的人缘有多差。

面对你的支持系统，最重要的心态是感恩，无论他们是朋友或家人，没有人有义务和责任去帮你解决问题和分担情绪。就算他们的建议，你听着觉得刺耳，也希望你不要过早地下评断。把那个结论放上几天，你可以思考自己的想法和亲友的见解，最后凭自己的能力下评断，绝对不可以在做出决定以后，把责任推到亲友身上！

找寻支持系统的重点是：他/她值得信任吗？

好的支持系统和好的工作一样，可遇不可求，而且必须长期观察和耐心经营。很多女孩儿去跟闺蜜哭诉，结果到最后，男友被抢了。很多男孩儿放心地把女友介绍给哥们儿，却发现自己被戴绿帽子了。

所以，要是没有足够信任的亲友能担此重任，你还不如找个陌生人，比如巷口早餐店阿姨、楼下管理员老伯、发型设计师和美甲师……当然，我知道跟陌生人讲这些事情会尴尬，可是不熟也有不熟的好处，很多客户来找我咨询，只是想跟局外人吐苦水，而且局外人的好处是，他们知道你不会一直去烦他们，所以会很有耐性地听你倾诉。

二、要有最坏的准备及打算

这个主要是写给那些天真的温室花朵，那些很难接受或是不认为事情发展会不如预期的朋友（据我观察，越是有公主病的女孩儿，越是觉得自己的要求很合理）。从成长的角度来说，挫折越早出现越好，因为一直没有经历过挫折的人，其反作用力大到一次反扑时，很可能完全没有抵抗力去抗衡（就像小王子的玫瑰被丢到雪地上）。如果你已经是一个悲观的人，就必须在凡事悲观的想法后面，另筑一条护城河，也就是说，“就算最坏的结果出现，我也一定能承受”，而不是整天想着“要是这样怎么办，要是那样怎么办，我一定会崩溃，一定会活不下去”。

不只是爱情，对我来说，龟宝出事，我应该会心如刀割，爸妈、老公、兄弟出事，我也会伤心欲绝，但是崩溃归崩溃，我倒是很坚信，无论多大的痛苦，总是能撑过去。就算我变得自暴自弃，遁世一年半载，悲惨到像行尸走肉，只要我不放弃生命，让自己随着时间之河疗愈伤痛，我确信我能站起来，我确信自己可以找回生命的意义，我确信自己可以带着伤痛活下去。

所以，不是要大家变得麻木不仁，对任何事物都不带感情，请尽情地去爱及害怕失去吧，那才是人性。但是要经常给自己信念，并且告诉自己：即使处于无人能理解的痛苦境地，我们还是拥有自己，同时也对人世间所有的无常做好心理准备，告诉自己一切总是会变。人会变，心会变，好运会变，厄运会变，但是我们对自己的爱和信心，可以让我们在面对无常时，内心有依靠，进而激发出面对困境的能力。

三、情感之外的寄托

寻找男女情爱之外让自己充满热情的事物吧！如果只有在男女情爱中，才觉得完整或幸福，注定要承受失望，因为这个不合理的要求，就和猴子驮起大象一样离谱，那个被我们以莫大期待投射的对象，迟早要因为过大的压力而不得不举白旗投降。

男人在感情里压力过大时，就会说："我不爱你了。"但是其心声是："我连让自己幸福都很困难了，你还要把幸福的责任全部丢给我？"

因此，健全关系的基础是互相合作，让彼此"更幸福"，但是分开时，仍然有各自完整的幸福。

个人的幸福没有快捷方式，必须从日常生活中培养，而且是独自一人也能享受乐趣的事情。例如：我养龟宝、写作、看影片和听音乐，都是我一个人做也非常开心且完全不在乎伴侣要不要参与的事情。这些个人兴趣包罗万象，不见得要有社会贡献，练瑜伽、跳街舞、迷偶像都可以，做公益、上教堂也可以，甚至规定自己日行一善、假日陪伴亲友、帮自己设定“购物日”也可以。

重点是要只为了让自己开心满足，或是有成就感而做，而且不会因为爱情而妥协！就算他跟你一个月没有见面，你也能坚定地说：“但是今天我早就有预定活动，我们改期好吗？不然等我活动结束再说？”

你要看重自己，就必须同时看重自己在乎的事情！无论那件事对旁人来说有无意义，对你来说有意义才重要！不要因为对方的几句话，就舍弃自己喜爱的事物。舍弃情感以外的寄托，就像割地赔款，到最后你的立足点会越来越小，小到连站都站不稳，才发现自己已经退无可退。

四、培养等待的能力

等待的能力最诡异的部分，在于你不能意识到自己在等。

这个跟吸引力法则说的下订单过程很像，你只需要有一个坚定的信念，之后就是放心等着它发生。

不要因为等待而焦急难耐，你只能尽自己应尽的努力，然后便放手。

很多事情真的要时间去酝酿，我的几位前任都会回头试水温，虽然我不确定他们是存着怎样的心态回头（有的是想复合，有的只想上床），但是我知道要是当年我巴望着他们回来，那份急切早就把人给吓跑了。无论他们回头的初衷是什么，发现我改变之后，都会改正态度来认真对待（因为想上床的，我会说此路不通）。对于“如果你当初这么成熟，我们应该不会分手”的赞美，我只能感慨地回答：“没有跟你分手，经过这几年的历练，我还是当年那个傻妞。”

这就是时间的力量，或许也可以说是等待的力量。

既然我们都在成长和进步，相对地，对于关系中的现状，或是暂时无法解决的问题，我们应该也要有信心放手，去等待成熟的时刻。或许那个结果是一朵花，或许那朵花枯萎以后会结出果实，或许那个果实会成长为一棵大树。

有时候，你以为是终点的却是起点；有时候，那个起点只是接驳站。没有到人生落幕，你永远不能说自己的等待已经到尽头了。

请给自己足够的时间去消化每个遭遇带来的功课，也同样地把那份信赖放在你期望有所改变的事物上，这个才叫作你有能力等待。

在两性关系中，培养等待的能力其实是设定止损点并且告知对方，在未达止损点之前别急着要结果，到达止损点以后若是没有结果，就彻底放下离开。这个时候，要不要告知对方，完全看你自己，我自己是对方如果破罐子破摔，我就跟着破罐子破摔，反正我已经放下，后面的发展就交给时间。有时候，你什么动作都不要有，只要尽情地过自己的生活，不要想那个承诺会不会兑现，老天爷反而会送个大奖给你。

五、学习付出，但是不求回报

付出不分大小，不分心灵或物质。适时地倾听与陪伴，可能胜过带对方去吃饭或购物，所以不要觉得自己的物质能力不够，没有条件付出。

以佛法来说，财布施反而是功德最小的，因为钱能解决的事情，其实都算是小事。

我不是说钱不重要，正是因为钱很好用，所以钱买不到或是无法获得的事物才弥足珍贵。人世间最难解决的事情，都是用钱也摆不平的，例如性命、感情、尊严、信念……因此人世间最具功德的布施，包括传播善知识（把正向的真理观念传播给世人）、出时间和力气（亲身做公益当义工，帮助弱势团体），还有以身作则（不向恶势力屈服、见义勇为、用身教把做人的高贵情操展示给人间）。这些真的比撒钱要困难吧？

当然，我们要量力而为，因为**付出的真意不是要你把自我建立在不断的付出上。**有的人也会做善事上瘾，依靠被感谢而建立自我价值，这样的付出又不纯粹了，有人感激固然好，若是没有人感激，就不能做正确的事了吗？

付出上瘾的人，甚至会牺牲正常作息，辞掉工作全心投入，等到自己无以为继时，又期望曾经被帮助的对象能够回馈自己，这种赌注真是太危险啦！要是对方不知感恩，付出者就会承受巨大的失望与背叛。但是话说回来，谁要你无止境地付出，甚至牺牲自己的需求呢？

上述剧情发生在很多女人身上（我知道男人也有很多火山孝子），不外乎是“做牛做马，却被用过就抛弃”之类的话。我只能说“欢喜做、甘愿受”，要是你真的心甘情愿地付出，就不要有任何希望对方回馈的心念。被我们帮助过的人，要是愿意回报，只是证明了他的人格，不代表他理当要回报。

当你明白这点，有形无形的付出都将成为你完全自愿的行为，只因为对你有意义，你想那么做，而不是为了后面的自私动机：**你期望得到回报。**

有健全心态的人，根本不可能过度付出，因为当你身上只剩一百元，你会想着给别人五十元，自己留五十元，以便过日子，而不是当那个人说“你全部都给我吧，我保证明天就还你”时，以为他明天绝对会还你钱，最后害苦自己。

我不喜欢听到女孩们说，自己如何付出又如何被辜负，这和前面说的一样，**不要钱的东西最贵。**当付出是为了求取“忠诚的爱”“愿意改变”“永远听话”，代价真是大到可怕！

如果接受付出的人，知道自己要回报这些来等价交换，很多人会宁愿放弃，以换得自由。“无事献殷勤，非奸即盗”，男人的天性会下意识地恐惧女人过度付出，因为他们知道后面的代价一点儿都不好玩。

因此，当你无止境地付出时，可能不知道自己正在造业，因为那个对象可能还不起。要是有点儿良心，他会充满歉疚，但是仍然还不起。要是他愿意接受这个人情，也会变成他愿意还，但是被绑在责任和义务中无法喘息，层次高点儿的认了，层次低的最后反而会责怪你的付出！

付出不求回报，有两大重点：一是衡量自己的付出在允许范围以内，不会干扰到日常生活及重要事项；二是既然控制在能力范围以内，就应该肉包子打狗有去无回，付出得行有余力，才能心安理得。

六、在心灵和物质上自给自足

这一点很多两性书籍已经讲到烂，但是真理就是真理，越辩越明啊！不过，即使是物质生活丰裕，或是很会赚钱的女人，也可能沦为用钱买爱（再次重申，不要钱的东西最贵，所以钱极少能买到真爱）。因此，不只是物质，心灵上的富足更重要。心灵上的富足，会让你根本不考虑用钱买爱，用性买爱，或是用付出买爱，因为你即使做得到，也会不屑做。

物质方面的自给自足，对于怎样才算过得好，每个人的标准都不一样。其实，如果只是要"有吃有喝不会饿死"，不见得要买房买车，房子用租的，骑脚踏车，走路搭地铁，一样能过好，服饰够用耐看就好，不必非得要专柜名牌吧？

我自己不管赚多少，还是会网购衣服，也可以穿出质感。至于化妆保养品，我大多用自助的开架式产品，皮肤也没有变差。觉得自己非某种水平的日子不过，其实是一种假象，谁一出生不是赤裸裸地来到人间的？

当然，没有要你从千金变成农妇，但是"识时务者为俊杰，善通变者是英豪"，如果环境真的不允许，你必须在自尊与委屈中选一个的时候，我还是希望大家可以很有勇气地选择自尊，也就是自给自足。

更何况，训练自己能节省地过日子，除了给别人"你值得娶回家"的好印象以外，就算独自一人也不会害怕。由奢入俭是不容易，但是实行起来并没有那么难，知道自己不需要靠男人，有稳定工作，而且养得起自己，就跟买保险一样，心里比较踏实。

收入更充裕的，就可以存款或是做投资，这些资产最好和感情对象清楚分割，因为这是你给自己买的保险。就算我们遇到一个肩膀很硬的男人，愿意无条件地供我们吃住及基本开销，甚至房子买在我们名下，你可以感激他的付出，并且相对回馈（心灵及物质回馈都算，只要量力而为），但是心里要知道，这就和横财一样，不是稳定持续的，要是哪天两个人闹翻，很难说对方会不会讨回去，当然有品的男人不会这么小家子气。

有这样的心理准备及物质保障，即使跟男人在一起时，吃香喝辣的生活如泡沫般消失，也只是像电影散场，享受过梦幻就好。**要让自己的胃能吃米其林，也能吃路边摊**。人生很漫长，多一分准备，就多一分余裕，自给自足永远能赢得尊重。

心灵层面的富足，则是不要让自己成为无趣的人，别让男友的兴趣成为你仅有的兴趣（除非这本来就是你们的共同兴趣），别让他的朋友成为你仅有的朋友，尤其不要让他的生活取代你的生活。

很多女孩儿恋爱以后，就会“丧失自我”，有时候是因为想让对方开心，有时候是从未经营过自己的生活，才会对方怎么安排怎么做，你完全没有意见，是因为你不知道还有哪些选项。

有些随和的女孩儿，会因为也没有什么不好，就丢给男方去安排，但是也会被误以为没有主见。在我来说，因为我是很会自己找乐子的人，所以跟男友在一起，我完全不挑剔，要出门或是待在家，要吃路边摊或是餐厅，我几乎没有意见，因为我觉得待在一起就很幸福，不一定要做特别的事情。但是对于我有所坚持的事情，例如，经营事业、穿着保养、陪伴朋友家人、养龟宝，我绝对不会因为他而放弃。

属于你的活动，可以问他想不想参与，要是他不想，也不要有被拒绝的感受。你必须是个生活充实、有独立思考能力、能够自得其乐的女人，才有本事不在意你跟男人的相处好不好玩，因为你自己的生活就已经够好玩啦！

在家看一整天影集，都比陪他看球赛好玩得多；跟朋友逛街，更是比陪他选计算机有趣。这样一来，你的男人想要见到你，就要安排你感兴趣的活动。如果好玩，你就留下；如果不好玩，你就说突然有急事，然后客气地离开。要注意，不要总是附和他的安排，不然他很可能把约会越搞越无趣，最后你们只能待在家里叫外卖、看电视。随和跟随便还是有差别的。

七、做出选择，并且承担后果

“选择就要承担”这句标语，我妈在我耳边大概念了十年，现在可以说渐渐深入核心。放在最后是因为，这一点不容易，不是买错将就着用这等小事。

在人生中，能够为自己的每一个选择，都头脑清楚地“把前因后果预演一遍”，再去做决定以降低失败率，但是也接受结果不如预期，是一种处事态度。

在人生中，只是凭感觉，然后义无反顾地先做再说，最后无论是悲是喜，都能接受自己冲动选择下的结果，并且无怨无悔，也是一种处事态度。

上述两种态度看似极端，但其实都是“做出选择，而且愿意承担”的正向态度。

会为自己带来苦果，妨碍成长的负面态度是：

——认为自己完全没有遗漏，而且每个环节都有注意到，不可能也不允许失败及错误，严苛标准对己如此，对待别人更甚，要是遇上挫折，死都不愿意接受。

——认为自己天生好运，老天爷谁都不罩，但是一定会罩自己，或是遇到挫折时，完全不思反省，只推托“没办法，感觉对嘛”，一辈子只靠感觉误打误撞，完全学不到任何教训。

无论你是理性派还是感性派，重点都在于承担：愿意为自己人生的每一件事情，甚至包括与你有关系的人对你所做的事情，负起完全的责任。

许多心灵成长及新时代书籍都有提到，要取得外界助力最好和最快的方式，就是要理解**生命中没有偶然与巧合，所发生的每件事情，既然我们都有参与，我们就有责任。**

但是，没有要你把远在非洲发生的饥荒都当成是自己的责任，虽然身为人类的一分子，确实也有责任，但是电影《蜘蛛侠》里面说，“能力越强，责任越大”，要能负得起这种责任，请你先从对自己负责开始。

为了让大家清楚对所有事情负责的观念，下面举几个例子：

你被男友劈腿，清楚认知到这是对方不对的行为，但是在你的部分，愿意为自己“选错对象、观察力差”或是“没有妥善经营关系”完全负责，然后承担那个痛苦，承担那个失去。

你被公司开除，知道老板能力不足，又听信小人谗言，错不在你，但是你的责任，或许是“不喜欢经营职场人际关系”及“仗着能力强而树大招风”，这些是你必须负责的部分，而必须承担的，就是非自愿地休长假，暂时要吃老本。

你跟父母挑选的对象结婚，就算知道自己不爱他，但是也承认没有勇气反抗父母，更不愿意放弃优越的生活做出和相爱男友私奔的事。你承认自己的脆弱和无情，你为自己选择经济的安稳，也承担可能无趣和乏味的婚姻。你或许放弃爱情，或许选择婚后和前任依旧藕断丝连，但也必须承担事情败露的风险。

你已经怀孕，不知道要不要让男友知道，更不知道他愿不愿意负责。这个时候，你应该扪心自问：你真的笨到没有想过避孕，还是你认为这是逼婚的手段？你觉得跟他结婚会幸福吗？如果他要你拿掉呢？如果结婚以后，发现他不仅不是良人，还会打你和小孩儿呢？如果他因为不爱你却奉子成婚，婚后却不断搞外遇呢？

我谈过的恋爱，不比你们少，但是对于避孕，我一直非常小心。在我不确定这个男人可以做我孩子的爸爸以前，我一点儿都不敢拿生命开玩笑！甚至我认识现在的老公，当我们还是男女朋友时，为了“预防万一”，我也吃过事后避孕药，对于要不要怀孕，我的态度是非常认真和严肃的，不容许出任何差错！

就是因为这样，对于很多女孩儿动不动怀孕，又动不动拿掉，我实在是看不下去。这样对女人的身体有很大伤害，而且拜托，身体是你自己的，你不去照顾，不要以为男人会心疼！

如果你赌输，他在听说你怀孕以后就消失无踪，你可以说他无情，也可以骂他烂人，但是拿自己的身体健康及一个小生命做赌注的你，在道德上比他高明不了多少。如果你一开始就打算耍这个手段，更是让人哑口无言。

知耻近乎勇，知道这是错误，才有修正的机会！所以，你必须认识到，怀孕逼婚是傻事，他会人间蒸发是自然反应。如果他愿意负责，感谢他，但是不要觉得理所当然；如果他希望拿掉，无论是因此弄坏身体，或是对未出世的孩子有罪恶感，或是你决定生下来做单亲妈妈，这一切的一切，都应该是在你选择之初就预期到的，并且无论你愿不愿意，都要负起责任去承担。

上面这些例子，许多都是我的客户们的真实故事。如果能够重来一遍，谁不希望有其他选择，可是千金难买早知道。

人生的许多选择都是背水一战，即使你把责任都推给别人，那个苦果还不是自己承担？反之，如果愿意承认，自己也是造业的一方，自己也要对这个后果负责，才能从中学到教训，以避免再度犯错。

能够为自己的选择负责的人，就会产生勇气及坚定的力量。在人生之海中，只有坚强的人，才可以为自己掌舵，开往希望的方向！

犯错语录

◎ 做出选择，并且承担后果。

◎ 面对你的支持系统，最重要的心态是感恩，无论他们是朋友或家人，没有人有义务和责任去帮你解决问题和分担情绪。

◎ 你要看重自己，就必须同时看重自己在乎的事情！无论那件事对旁人来说有无意义，对你来说有意义才重要！

◎ 付出的真意，不是要你把自我建立在不断的付出上。

◎ 你期望得到回报。

◎ 不要钱的东西最贵。

◎ 要让自己的胃能吃米其林，也能吃路边摊。

◎ 生命中没有偶然与巧合，所发生的每件事情，既然我们都有参与，我们就有责任。

错误7 总是觉得两性书籍中的方法不合我的个性，还是我天生不受教？

梦洗说：你错了，感性及理性的女人，都有合乎逻辑与天性的对应模式。

咨询时，我经常和大家说：“以前我也跟你一样笨/傻/死脑筋/有公主病，但是我已经走出来了，我比过去的自己更坚强、更有自信，所以你一定也做得到，对自己要有信心和耐心。”

按照我的所谓命盘结构，我有很强的天蝎特质，是的，我曾经个性很极端；是的，我曾经占有欲很强，没有安全感；是的，我曾经非常情绪化，依赖性又重，而且有强烈的自毁倾向，还患过抑郁症。

但是这些都已经过去，真的是昨日种种譬如昨日死。当年的我，与其说是对那个造成伤害的元凶产生负面情绪，还不如说是对自己有强烈的不满：不满自己把人生搞得一塌糊涂，不满自己做出错误的决定，不满自己是一个会犯错的平凡人，不满自己为何对所有事情都不满。

我花了十年光阴，去学习和感情有关的一切，现在我可以用这些经验来教大家避免某些绝对会导致关系恶化的行为和想法，但是心法技巧运用得是否得当，需要天分和经验，能够接受这些法则，并且让它成为内在的制约反应，更是需要时间。

虽然我的数学从小就很差，但是我不得不说，**两性关系的游戏规则还是离不开人性，人性的运作在大多数的情况下，都是合乎逻辑的。**逻辑可以说是一个最大公约数的合理结果，大家都知道X + Y = Z的算式，逻辑可以成为一个X（前因）+ Y（变量）= Z（后果）的算式。很多朋友找我咨询时，会惊讶于为何我能把他们关系的发展分析到有八九成准确，其实我的数学真的很差，但是我的两性关系数据库够丰富，因此通过无数的分析归纳、整理比对，我通常都能得出一个最接近事实的推论。

逻辑也是因果论，人世间万事万物都离不开因果。在佛教的义理中，大多数事物都是照着有秩序的无形规则在运作。世界上有奇迹，吸引力法则也可以算是自我创造的奇迹，但是奇迹和吸引力法则也有它们的系统逻辑存在。简单地说，要解开人生的任何问题，只需要套入一个“正确公式”，就会有一个答案出现，或许那个不是我们喜欢的答案，但是绝对会有答案。

有一点儿扯远了，可能很多人已经一头雾水了，但是我想跟女性朋友说的是：让人生照着你想要的剧本走，跟你输入的X + Y = Z有关。在这里，我们稍微改写成：X（数据及需求）+ Y（方法及预测）= Z（结果）。当然，逻辑理论中都会提到，就算前提及预测合情合理、毫无破绽，但是仍然有可能导向错误的结论，这个部分就是自然界的奥妙。人类虽然为万物之灵，却无法凌驾于宇宙意志之上，就是此理。

以我的观察，如果把女人粗略区分为理性型及感性型，最合乎逻辑的生存方式应该是如下这样的。

理性型／模范生：

让自己成为一个数据库非常齐全、对任何人生选择先收集数据而后请教专家（或是自己成为专家）、曾亲身实践过许多方法以证明其效果的模范生。模范生偏重理性思考和逻辑分析，会把自己犯错的概率降到最低，同时因为数据库齐全，可以知道身边亲友可能会犯哪些错，并且预测未来哪些自己无法掌控的事情有可能成真。模范生是控制的极致，若是你问模范生女人，遇到老公出轨，她会怎么做？模范生女人会说："我料到这种事情有可能会发生，毕竟我做得再完美，也是我一个人在做，我不能控制老公的心思，反正我早有准备，如果他打算继续外遇，就要采用 A 方案；如果他愿意结束婚外情，就要采用 B 方案；如果他想跟我离婚，就要采用 C 方案；如果我想跟他离婚，就要采用 D 方案。"

模范生女人沉稳、能干、冷静，她们对于爱情的需求不是轰轰烈烈，而是稳定踏实。她们的爱，放得慢却很深，为了避免任何意外情况，模范生会事先预防，在出事时，也会实时对症下药。人生中一切的努力，就是为了让自己的剧本能如实上演，世事并非尽如人意，发生难以预料的事情时，模范生也能尽快收拾破碎的心，把意外当作是补充数据库的宝贵经验。

模范生女人不是没有感情，而是觉得一味感性，事情也不会比较容易处理，还不如把任何状况先在脑海内演练一遍，至少发生时心里有个底，所以模范生的心态大多是悲观的，对任何事情先预设最糟的结果，这也是她们控制环境及情绪的最佳手段。但要注意的是，预设最糟的结果，不代表你要一直想着它及期待灾难早日降临，这样就会变成负面的吸引力法则。

感性型／艺术家：

让自己成为一个得过且过、顺其自然、想做什么就去做而且失败也能一笑置之不以为意的艺术家。艺术家多半都是感情丰富、欠缺逻辑推论分析能力的傻大姐，这也可以说是艺术家最大的资产。因为模范生会在失败以后收集数据，“避免犯同样的错误”，但是对于艺术家来说，每个错都是新鲜的错，也可以说每个错其实都是对，更可以说人生的每件事情都是包含对与错，所以有什么好防患于未然的呢？

艺术家很容易好了伤疤忘了痛，让身旁的亲友看不下去，但是过一段时间，亲友们就会发现：规劝她简直就是在浪费自己的时间。因为艺术家通常难过痛苦一阵子后，又会满怀热情地投入下一段感情，可以说她有勇无谋，但是对于一个有勇气失败的人，又何必给她谋略呢？

艺术家在最好的状态下，是一个尽情享受生命的人。尝试着无数两性关系中的可能性，对她来说，没有既定的形式，她唯一坚持的，可能只是不适合就走开，无以为继就放手，反正人生到处有惊喜，自己也永远有热情去寻找更新鲜好玩的事情。

艺术家是随兴的极致，艺术家不是喜新厌旧，只是没有耐性及持续力去深谋远虑，所以没有打算控制人生。要离开一段长久的关系，她们也会痛苦伤心，但是她们知道改变是必然的，不愿意改变，又能带来什么？只会带来更多的折磨。唯一的问题是，很多艺术家不知道自己的个性就是应该活在当下，却希望自己能够不学习风险管理就具备模范生的能力。我只能说，这是“东施效颦”，你不学写字，你就是文盲，但是你可以选择做个开心自在的文盲，这样才叫作“合乎自己天性的逻辑”。

聪明的朋友应该已经看出来了，大多数的女人都是摆荡在模范生和艺术家之间的混血儿。我自己就是啊！有时候，我的模范生特质强一些；有时候，又觉得自己想那么多干吗，随性自在地做个艺术家吧！但是，我渐渐地能把两种特质融合得很好。当我做咨询服务时，我让模范生特质出来展现专业；当我谈感情时，我尽量让自己呈现艺术家的感性活泼；当出现问题时，模范生又出来分析；当问题无法解决时，我就让自己活在当下，跟着艺术家的感觉走。

如果你先搞清楚自己偏向哪个类型，会比在表面上模仿两性书籍的技巧更有用，因为当我们不了解自己时，就是资料收集得不够，数据不够，就无法得出合乎逻辑的推论及做法。X(数据及需求）＋Y(方法及预测）＝Z（结果）的公式也可以倒推，意指我们要得出Z（结果），就必须找出正确的X（数据及需求）＋Y（方法及预测）。

举个例子吧，如果你的 Z（结果）是想找到能够共度一生的灵魂伴侣，就应该先思考 X（数据及需求）：那个灵魂伴侣的各项数据？你自己的各项资料？你跟他关系中的需求？接着，再想想 Y（方法及预测）：能够满足 X（数据及需求）条件的对象，有可能在哪里出现？你自己必须满足哪些条件，才会吸引到这样的男人？或是你应该采用哪些方法，去接近自己的灵魂伴侣？还有最重要的，当可能的人选出现时，你要用哪些技巧去观察对方是不是你要的人？

其实，就连感情这么抽象的事情，都可以套用公式列出步骤，这个公式可以在做任何决定时派上用场，只要源头正确，结果通常八九不离十，但是如果从源头就是错误时，不可能会有正确的结果，你种苹果树下去，无论如何都长不出木瓜。

当你的心态正确时，就不会有错误的预期和判断，很多看起来混沌的僵局，只要套用逻辑公式都会变得很简单。你想要结婚，他不想，所以不是你换个对象，就是你接受没有婚姻地继续跟他耗下去。你若是想改变他，让他成为一个有意愿结婚的男人，更是必须观察和收集信息，并且加以分析，以得出方法及预测。例如：他是不想结婚，还是不想跟你结婚？他不想结婚的理由，是可以解决还是不能解决的问题？就算导致无法结婚的问题能够解决，是否会成为一场浪费青春的赌局？或是你对于和他婚后生活的期望，是否本来就不切实际呢？

当然，许多女人无法这么冷静理智地分析自己的感情，所以才需要我帮大家咨询，这个不是绝对做不到的事情，通过训练，你也可以做得到。当你完全清楚自己将会得到什么，通常你就会解脱，因为让我们痛苦的都是对于关系的想象，一旦破除想象面对现实，承认他是个烂人而你却依然爱他，这种爱的境界会比沉溺在能改变他的幻想中，更具有建设性。

当你心态正确时，你的所作所为就不会离目标太远，种下苹果树的种子，就会结出苹果而不是木瓜。如果这棵苹果树结出木瓜，不是因为发生奇迹，合逻辑的推测是：不是你记错种树的地点，就是你的苹果树被别人移花接木了。**不是没有奇迹，但是每天都发生就不是奇迹。**身为被地球引力牵引的人类一分子，请大家还是清醒点儿吧！

错误8 所谓的好女人，应该就是为男人牺牲奉献、对男人无尽包容吧？

梦洗说：你错了，好女人的定义，不是在于为别人而活，而是在于活出自己的光彩。

会看我文章的女人，应该都是立志要越来越好的女人。

这个“越来越好”，应该是内在与外在、心灵与物质都并驾齐驱。我认为，真正幸福的人，是在心灵及物质层面都能取得平衡的人。这个平衡的基准，只有自己最清楚。

为了更了解自己和清楚自己是个怎样的人，什么生活方式、职业、伴侣适合自己，我们都付出过惨痛代价，也交过许多学费。

用比较容易理解的例子来说明，就是女人是怎么开始学习化妆和打扮的。

大多数的女人，应该都希望自己能够越来越美，所以会努力学习“隐恶扬善”、凸显自身优点和美化修饰缺点的化妆保养以及穿着和打扮的方式。

我刚开始想学习化妆和打扮，是因为暗恋当时的男同事，那个男孩儿很有品位，眼光又好，经常会跟我说，我穿什么颜色会衬托肤色，我可以试着化淡妆，我换哪种发型会修饰脸形。

因为想要变成更配得上他的女人，所以那个时候，我就努力减肥(当时六十四公斤)，也让自己从一成不变的T恤和牛仔裤，慢慢开始穿洋装和裙子，这个男同事也不吝于称赞我的改变。只是有一天，我终于有机会和他单独出去吃饭聊天时，他喝醉以后开始跟我哭诉，他最近被“男朋友”甩掉的痛苦……

哈哈，原来他喜欢的是男生。

但是，我还是很感激他，给我想要脱胎换骨的动机，不然我应该还是那个不知女人味为何物的鱼干女吧?

在慢慢清楚怎么对待自己的肌肤、化出适合妆容、学会衬托风格穿扮的过程中，我也交了许多学费。有时候，看到不合用而被我堆到角落的保养品，或是不适合现在的自己而被束之高阁的衣服，都会唤起当年我选择它们的回忆。当年那个常会长痘痘的自己，当年那个眼影、睫毛膏涂得乱七八糟的自己，当年那个好不容易瘦下来去追求性感火辣的自己，当年那个因为男友喜欢而购买许多装乖淑女套装的自己。

诚实地说，不可能没有半点儿后悔，看到它们的时候，一方面埋怨自己浪费，一方面觉得自己很傻，为了现在想起来都觉得荒谬的理由，购买这些几年以后会不堪回首的鸡肋。

在鸡肋中，也有情人的礼物，无论是小气的他送的一条项链，或是大方的他给的无数件华服，或是希望我穿上以后再脱掉的性感内衣，都会不可避免地想起那个赠予人。

有的人或许会干脆发狠地丢丢送送，除之而后快吧？

但是，一定有几样带有深刻回忆的鸡肋，是你考虑再三，还是会默默放回某个尘封抽屉的宝物。

我的清单中，有许多提醒我“曾经很辣”的紧身洋装（某个开服装店的前任送的），有初恋男友送我的晚宴包，有腼腆男孩儿送我的宝石项链（当然是假的），有为了见某任男友父母而挑选的“好女孩儿”套装，有许多为了正式场合而准备的礼服（可是买了以后都没有正式场合好穿），即使知道用到的机会微乎其微，但就是舍不得丢掉。

送我礼物的男孩们，有的从此消失在我的世界里，有的成为一生的朋友，有的已经面貌模糊到难以追忆。

我在他们身上，交了或多或少的学费，有形的、无形的，时间、真心、资源、机会……这些都是，不是只有钱才是代价啊！

对我来说，有些人、事经历过，学到就好。但是，学费怎么可能要他们吐出来呢？吐出来就不叫学费了，姐姐妹妹们，人生没有这么好混。

买到不适合的化妆保养品，有几个女人敢去退货，说不适合自己，想要退钱？或许有道德的化妆品公司真的会退钱，但是更多的时候，消费者权益没有保障，不是多做功课以免买到赝品地雷货，就是自认倒霉吃闷亏加减用。想要偷懒不事先调查，直接问专柜小姐意见，运气好碰到敬业的真心服务，运气不好碰到敲竹杠的无良柜姐，想偷懒的人就只能碰运气。

这一点，感情上亦然，不做功课，感情失败以后，不检讨不学习，交往男人不是极品地雷男，就是利用女人占尽便宜的软饭男，一切只能推给运气差。运气差的人，不懂得后天努力去弥补，就等着一辈子苦命吧！

买到不适合的衣服，可以送给朋友，或是网拍转卖，或是勇敢挑战如何穿搭可以变得好看。大多数的服装店都允许试穿（要买路边摊，就要抱定有可能不适合的决心），不剪吊牌、不下水都可以更换，既然商家这么有诚意，你也穿了，吊牌也剪了，过一阵子才认为不适合要拿去退，不会觉得太不讲理了吗？讲得更扯一点儿，应该没有一个女人会无聊到，拿自己刚入社会的OL套装去跟店家说："这款现在已经没有人穿了，我要换最流行的。"因为，当年有适合你的风格款式，但是现在，也有适合你的风格款式。

这一点，感情上亦然，要是你"当年"认为他是好男人，相信自己的眼光，愿意跟他赌，就要愿赌服输！觉得关系不对劲儿，找出方法努力看看能不能取得共识，不然干脆承认不适合，认清他已经"不流行"，也是一种勇气，还会有更适合自己的男人，其实就这么简单，不是吗？就像BURBERRY风衣，万年不败，不是每件衣服（每段关系）都做得到。

我经常说等价交换，这个词中学就学过了，但是"等价交换"的确是世间真理，有点儿像是质量不灭定律。**所有的起心动念，都会有对应的代价（学费）产生**，无论你愿不愿意付出那个代价，在我们做出选择的时候，代价就会产生，就要开始付学费，只是学费不见得是"钱"。

我不是富二代千金女，所以很重视怎么花自己的钱，也不会乱花男人的钱（乱花钱的定义，因人而异，有的男人请一杯饮料都觉得自己吃亏了），虽然谈过那么多天方夜谭式的恋爱，但是唯一没有亏到的就是钱，因为自己都不够花！

但是，除了钱之外的学费，我可是交到九死一生，交到得抑郁症，交到对人生失去信心，交到家人和朋友都被我烦得想带我去做脑前叶切除手术。难怪，会有那句名言：“可以用钱解决的事情，都是小事。”

比起其他会重创心灵的事情，钱，真的算是轻松的。

他花光你的钱，与挥霍你的自信、尊严、青春、健康、信任、自由、爱情……哪个比较严重？

如果你觉得金钱比自信、尊严、青春、健康、信任、自由、爱情更重要，你刚开始就不会付出，付出金钱不就是觉得，自己理应从他身上得到的那些，会比这些钱更多？

稍微对股票、基金、期货有概念的人，应该都知道没有稳赚不赔的投资。凡是投资，必定包含风险，不想冒风险，就不要投资，定期存款虽然很笨，但是不会亏本。

我承认我害怕了，更不希望因为钱把我爱过的男人贬为骗子，所以我不在男人身上花大钱（花大钱的定义，也是因人而异，有的女人很敢赌，我是不敢赌），一来保护自己，二来不伤感情（遇到要你在他身上花大钱才会更爱你的男人，快点儿认赔杀出吧）。

所以，大家投资失败的气愤，其实是气自己“看走眼”吧？但是，这个看走眼就是理当付出的学费，运气好的人获得理赔，运气不好的人只能摸摸鼻子认了。

当你已经挣脱，无论如何，就当功课学完了吧。再去计较当初付出的学费，只会拖延学习下一堂课的时机。已经从小学毕业，就算嫌弃校园生活，埋怨老师教得不好，你也不会从一年级再念一遍吧？

成长的代价是必然的牺牲！当我们进化和成长时，旧的东西和跟不上自己的人，很有可能会被抛在后面。

“男人都喜欢村姑”，这是我某位长辈贡献的“男人不能跟女人说的真心话”，那位长辈说，女人最好又笨又傻又乖，才会有“妇德”。

如果要又笨又傻又乖，才能换来妇德，我宁愿一辈子单身。我有这个魄力，也相信我值得那种喜欢独立聪明女人的男人喜欢，而且，这种男人并没有绝种，我老公就是，我两个弟弟也是。

那些你想丢掉又捡回来的鸡肋，就当作上过那堂课的收据吧！交过学费，留着收据，当作纪念就好。抱怨老师教得不好，吵着要退学费，不是有品位的女人应该做的事情。

犯错语录

◎ 两性关系的游戏规则还是离不开人性，人性的运作在大多数的情况下，都是合乎逻辑的。

◎ 不是没有奇迹，但是每天都发生就不是奇迹。

◎ 所有的起心动念，都会有对应的代价（学费）产生。

◎ 那些你想丢掉又捡回来的鸡肋，就当作上过那堂课的收据吧！交过学费，留着收据，当作纪念就好。抱怨老师教得不好，吵着要退学费，不是有品位的女人应该做的事情。

错误9 好男人都被挑光了，所以我身边只剩下歪瓜裂枣。

梦洗说：你错了，你先要是个好女人，你要的好男人才会出现。

不知道从何年何月开始，这句“为什么找不到好男人”就开始长年蝉联女性十大常用句榜首，有时候也会以倒装句的方式呈现，即“好男人都在哪里啊”？

基于其主题相近，我们把类似的语句统一汇集整理列为榜首。

新时代有个学说叫作“你创造自己的实相”，讲明白一点儿就是，心想事成。**为什么找不找得到好男人和心想事成有关？因为你必须先让自己成为一个对等的好女人！**好女人不是自己说了算，必须对自己有强大信心，并且愿意身体力行地去实践。

好女人的定义，就和什么是爱一样，每个人的看法和认知都不同，但是也有些放诸四海皆准的条件，就好比某些美女美到可以靠外表吃饭，也不是人人都做得到的。

但是外表的美不难包装，内心的美却是很难达到的境界，我希望看这本书的女性读者，都能致力让自己成为“身、心、灵”全方位发展的好女人。

以下就是我逐渐成为好女人，也嫁了个好男人的心得：

第一，清楚地了解自己，懂得爱自己及满足自己的需求。

懂得爱自己的人，必定是了解自己的人，爱自己不等于自私自利，因为一个有能力爱自己的人，会发现自己有很多爱可以给出去。不够了解自己，可能会让你“误以为”嫁入豪门或是坐拥名牌会让自己满足，度过无数空虚的日子以后，你会发现自己想要的只是每天能和心爱的人相拥而眠，他的一句关心问候，比豪宅更吸引人。

请你经常问自己：我人生中的优先顺位？我的价值观？我的喜好？我喜欢的感情模式？我向往的婚姻生活？请你把对男人的好奇心，多花一点儿在自己身上吧！

要是你不先在单身空窗期搞清楚自己到底“要什么”，很容易会被世俗的价值观或是旁人的起哄牵着鼻子走，莫名其妙地嫁给一个八竿子打不着的对象，等到青春不再，才把所遇非人的责任推到别人身上，这样不是成熟人做的行为。

这个功课，你可以经常思考和观察身旁亲友或是世间百态：

小蕾有个男仆般的老公，但是你真的喜欢男人卑躬屈膝吗？

贝贝有个大男人的富二代男友，但是你真的愿意放弃兴趣和朋友，然后被他控制吗？

阿真的父母要她嫁给个无趣男，说这样的男人老实，但是你能够忍受没有交集和互动的婚姻吗?

每一段关系，都有它的“等价交换”，因为这是宇宙法则，任何获得必定有所失去，你应该让自己除了羡慕其他女人的际遇以外，还要去思考和观察她是付出了什么才得到这些的?有哪些私生活的委屈，是一般人察觉不到的?

我们不必批评其他人的关系，但是要懂得从中看见自己、看到自己的需求以及绝对不能妥协的部分，而不是觉得邻居的草坪比较绿。

第二，处理自己的情绪问题，懂得“欣赏、鼓励、赞美、肯定、信任”对方。

好男人会喜欢的好女人，一言以蔽之：刚柔并济。

所谓的刚柔并济，就是相处之间分寸及尺度的拿捏。如何让自己有点儿黏人又不会太黏人?如何在适当的时机给他安慰或是鼓励?如何既是事业上的女强人又是居家的小女人?这个部分，你如果矫枉过正，就会让自己随着别人起舞，把玩笑话也解读为世界末日。女人本来就容易想太多，但若是把男人的一言一行过度联想及无限上纲，只会让自己和对方的压力增加。

理性一点儿，放轻松。芝麻小事不要烦他，你的情绪不必要他来关照，他没有出现在你生命之前的日子里，你不是也过得很好吗?想清楚，自己如果要找的是终身伴侣，没有人可以和一个凡事依赖的人过日子，男人要的是可以一起度过风雨的坚实搭档。更何况，据我调查，在婚姻中惹出麻烦的人，通常都是男性（外遇搞出私生子、商战玩得太大把公司玩掉、投机把家里的积蓄输光、帮朋友作保害自己被黑道追杀……），我不是说女人都不会惹麻烦，男性读者先别急着骂我，只是女人惹麻烦的“类型”，通常规模比较小。

也许是因为女性远古以来的基因特质，就是躲在洞穴里照顾小孩儿，等着男人打猎回来，这让我们的行事趋于保守，不想冒险犯难（凡事皆有例外，这个不必我说吧）。因此女性同胞们，为了处理你的男人有一天“可能出现”（我只是说有这个可能）的麻烦，你应该也必须坚强，因为女人的危机处理能力其实是高过男人的，但是在你需要动用到这份能力之前，**请你记得要“欣赏、鼓励、赞美、肯定、信任”你的男人，尤其是在他愿意付出的时候。**

很多女人喜欢把男人当作儿子来无微不至地照顾，真是南辕北辙啊！其实，男人需要的是感觉自己被需要（跟感觉很依赖你不同）。感觉自己被需要，可以让男人持续付出，所以你不拿手的倒车入库及计算机维修就不要客气，麻烦心爱的他吧！但是，他不感兴趣的逛街购物，不要硬逼他参加，能让他经常对为你付出感到满足，你就已经是个八十分的好女人。

第三，经常正向思考并告诉自己，他正为了进入你的生命而向你走来。

有科学家做过研究，罹患绝症的女人在临终以前，借由心理暗示能获得无限的信心，甚至瞬间让病情好转。也许很多人不相信，但是“信念”确实是人类最珍贵也是经常被忽视的力量，由于宝瓶时代的影响，人类渐渐能接受各式各样的超自然能量，并且肯定其意义与价值，其中流传最广的就是“吸引力法则”，也就是心想事成的秘密法则。

我在博客上写过一系列共十篇专门探讨吸引力法则的文章，但是因为和本书的内容偏离，所以没有收录，有兴趣的读者可以去我的博客看。

因为你希望的结果之所以会发生，是因为你坚信自己能够得到。

吸引力法则的诀窍就是：要相信到连你的潜意识都一起催眠才有用。

为何这一点我会放在最后来讲呢？如果你已经了解自己要什么，也把自己锻炼到刚柔并济，懂得与男人相处的艺术，也学会不去要求太多，认清了现实与梦想之间的差距，那么你所欠缺的就只有缘分。

有一个简单的方法，可以让你在每天的生活中实践。首先，你必须有一段关于理想伴侣的心理暗示的许愿文。

比较合理的许愿文如下，请自行修改：

“……我已经准备好迎接生命中那个特别的人，跟我一起分享生命，共同成长，互相扶持。他是一个善良、负责、有幽默感、脾气温和、愿意沟通和倾听的人，跟我一样正向乐观、兴趣广泛，而且注重生活质量。他有好听的声音，以及令人感到温暖的笑容。他是一个专情的人，而且愿意做出承诺，准备跟我共组家庭。他有稳定的收入，以及足够养家的资产。他不是工作狂，认为经营感情和努力工作一样重要。我的父母亲友和他的父母亲友，非常赞成我们交往。他会在未来一年以内，进入我的生命中，并且主动与我建立关系。”

这个许愿文，最好包括三类条件叙述：

1. 他的个性特质（温柔体贴、善良正直、孝顺顾家、风趣幽默……）

2. 他的背景环境（外形、收入、职业、家庭、国籍……）

3. 你和他的互动相处（财务规划、家庭生活、育儿、休闲安排……）

你要怎么设定理想伴侣，要描述得巨细靡遗都可以，要是你觉得无法忍受秃头和胖子，把外表上的要求加进去也未尝不可，但是不要描绘成一个完美王子，因为完美对象并不存在。

我建议每天睡觉以前做心理暗示，因为那个时候精神最集中、思绪最宁静，而且睡觉以前给潜意识下达暗示，将会更有效果。如果你能将这段许愿文做成海报或桌面，放在自己每天看得到的地方，产生快乐的心情也会加倍。

许愿内容只要你能记得住，不要每天变来变去，台词要多长是个人选择，但是我建议大家把握几个重点，并且尽量“影像化”，你要想象他的具体形象，身高、发型、穿着，以及他陪伴在你身边的感觉。**吸引力法则的精髓是：当你觉得自己“已经拥有”时，就会更快地得到！**

犯错语录

◎ 为什么找不找得到好男人和心想事成有关？因为你必须先让自己成为一个对等的好女人！

◎ 请你记得要“欣赏、鼓励、赞美、肯定、信任”你的男人，尤其是在他愿意付出的时候。

◎ 吸引力法则的诀窍就是：要相信到连你的潜意识都一起催眠才有用。

◎ 吸引力法则的精髓是：当你觉得自己“已经拥有”时，就会更快地得到！

Juicy
pop
Tube

PART 2
技巧篇

错误10 遇到好对象都是命中注定的，后天几乎没有方法可以改变命运吧？

梦洗说：你错了，磨炼自己看男人的眼光，就可以选到绩优股男人。

教大家选择好伴侣、好老公、好男友的文章，多得跟明星的八卦一样，而且层出不穷。教女人经营感情的书籍，也是多到有作家可以靠它谋生。我在开博客写文章之前，就和大家一样，是个在感情中毫无头绪的“无头苍蝇”，所以历年来看过许多两性文章及著作，但是我也发现了大多数此类文章“遗漏”的部分：

1. 通常都有很好的观念，但是没有实际可行的方法和策略作为配套。

2. 没有提醒读者，有可能你把方法运作得完美无缺，事情还是会不如预期。

3. 许多专家都不愿意自曝其短，满口“我的朋友”“朋友的朋友”“朋友的同事的朋友”，就是不说自己的失败经历，以及如何从中成长进步。

可能是有处女座的父母使然，我以前一直是个方法论的人，坚信只要用对方法，没有做不到的事情以及无法控制的情况，但是这十年完全打破了我旧有的观念，方法不是不能用不好用，但是必须配备正确的心态，那个心态就是：尽人事，听天命。

我们可以做到自己所能做到的最好，其他就顺其自然些吧。

许多两性专家会说，关系出现问题，双方都要负责。是的，双方或许各有各的问题，但是欲加之罪何患无辞，有时候就是其中一个人腻了或是缘分尽了，当那个时间来临的时候，很有可能完全不需要理由，既没有责任也无从责怪。想要离开的人，尽管另一半已经鞠躬尽瘁，也能因牙膏从中间挤这种小事而借题发挥。

先讲这么多前提，也是因为我学到，不能给出方法以后，让大家误以为是万灵丹。和旧爱复合事小，选错终身伴侣事大。用对方法以后，只是找到金饭碗，不是找到钻石饭碗，还是会有破掉的可能。

如何选择一支“绩优股”，也就是“值得一嫁”的男人，我想从人格方面来剖析：

一个具备进入婚姻的能力及承诺，或是在一段长久的关系中，能够真心诚意去调适经营的男人，应该有哪些性格特征，是我们可以在交往阶段留意的：

1. 性格是否宽大包容，能够不计前嫌

这里讲的性格特征和所谓的被吃干抹净的烂好人是有很大差距

的。烂好人是说他前女友刷爆他的每张卡、他老板每天让他加班但是十年都不加薪升迁、他老爸老妈用他的名字到处借钱赌博留下一笔烂账、他朋友吃喝玩乐以后总是要他买单……要是他“心胸宽大包容”到这种地步，却不像迈克·杰克逊有一年赚七亿美元的实力，请你离他越远越好。因为一个男人这样没有极限地讨好别人，或是毫无保护自己的能力，迟早会把他伴侣的人生一起赔进去。

性格宽大包容是好男人的主要必备条件，但是这个条件需要有相当的时间去观察及验证。无论他以前是笨过、蠢过、傻过，或是曾经伤害过别人，那他是以什么角度去看待自己的过往？会不会检讨和修正自己做得不对的部分，还是一味地把责任都推到别人身上？他有没有试着去看挫折的意义？面对最屈辱痛苦的伤害，他能选择宽恕吗？即使无法宽恕，他是否懂得让过去成为过去，不影响到未来积极地去面对生活？

简单地举个例子：

问：听说你前女友和你多年的好友一起背叛了你，一定让你很痛心吧？

地雷股：“对啊！那个女人，亏我买房子还挂在她名下，交往时对她很好，要什么有什么，她怀疑我和前女友藕断丝连，竟然就跟我朋友勾搭。我只能说自己看走眼了，真的不能对女人太好。我相信你不是这样的人，你不能背叛我，敢背叛我，你试试看……”

绩优股：“我不想提这件事情，我们不要谈了，好吗？”或是“都过去啦！当时，我真的痛苦到快要死掉，也曾经想报复，但是后来还是忍住了。事后想想，或许我忙于工作而忽略了她，虽然她以这种方式跟我分手很伤人，但是我也有不对。我无法原谅她，但是也不想恨她，就当作我欠他们。幸好遇到你，让我渐渐释怀。”

大家稍微留意就可以看出来，地雷股男人非常负面，斤斤计较自己的付出，而且“只许州官放火，不许百姓点灯”，自己可以犯错，别人却不能有任何错失，这种个性不只针对感情，只要观察他怎么谈论家人、同事、朋友，就可以从言谈中由小见大。一个性格扭曲的人，不可能演得毫无破绽，只要细心观察，一定能看到真相。

2. 个性节俭还是吝啬小气

这个和格局有关，不在意男人格局的你，可以不列为选项。所谓的节俭和小气不一样。一个小气的男人注定难成大器，因为他的眼界只到鼻子下面，每天发生的所有事情，都会秤斤秤两地评估利弊得失：你迟到五分钟，他可以唠叨整个晚上，每顿饭都要平均分摊，追求时大方阔气，追到以后每笔开销明算账，或是要你买单，只因为“之前都是我出的”。

节俭的男人，会去观察交往对象是否喜欢挥霍，因为他不想和这种地雷女过一辈子。但是，节俭的男人通常不会去算计女人的财产，他的用意是希望找到价值观类似的伴侣，他不想未来赚多少都被坐吃山空，但是应该花的钱他不会省，应该对你好的时候也不会客气。最重要的是，他懂得衡量自己的能力，不会打肿脸充胖子，把一年的薪水拿来买钻石戒指，却害得你们要住在破洞漏雨又没有水电的房子里。

举个例子：

地雷股："今天的电影票，一个人两百五十元，吃饭我先付，所以你要给我五百元，还有停车费五十元。晚上住旅馆，我选择最便宜的房间，一个晚上三千元，你要分摊一千五百元，总共加起来，你要给我两千零五十元，算你两千元就好，这样很公平吧？什么？你说自己一个月只赚三万二千元，可不可以少出一点儿？开玩笑，我的 BMW 是我爸的，每个月油钱就过万。我的薪水不少，但是都拿去投资了。我的钱实际上能用的比你还少，何况我们刚交往，不知道以后会怎样，等你变成我老婆，我就会对你更大方。"

绩优股："我虽然不是很有能力，但是约会吃饭这点儿小钱还花得起。拜托，住旅馆要女人出钱还算是男人吗？但是年底去美国玩，我可能没有办法帮你全部出，不然这样，你自己出机票钱，旅程中吃喝玩乐都算我的，给家人的纪念品我也顺便一起买，就当作是我的心意。还有，我觉得你应该多存点儿钱，以后我们要是结婚，我希望有一笔共同基金负担日常开销，也可以当作买房子的首付款。"

在相处中，只要你理性观察，不难察觉对方是"到处打探，要占自己便宜"，还是"观念实际，不喜欢无谓浪费"，无论他是自己有投资、家庭开销大、贷款负债多，还是明知没有能力还要谈恋爱，然后以装可怜等手段试图把女方掏空，别以为结婚以后他就会转性变大方。那和选举期间的空头支票没有两样，他现在就把付出当作吃亏，婚后会大方，除非是被雷劈到。这类男人好一点儿的是，每一笔开销，都和你平均分摊；最糟糕的是，他会开始盘算能从你或是你家族中得到哪些利益，因为小气的男人不认为自己会有多大作为，有机会一定抓着让自己少花力气的快捷方式不放。能舍才能得，不懂这个道理的人，一辈子就和抓着饭粒而浑然不知自己站在热锅边缘的蚂蚁一样，格局有限，无法成就大事。

当然，我们女人也不能太过分，把对方的好意当作冤大头宰，点滴之恩要涌泉以报。真正的好男人不会在意女人要有金钱上的回馈，尤其在他们自己能力足够时，更觉得宠爱自己的女人乃是天经地义的事情。女人能够回报的东西，除了感激之情和欣赏男人的付出以外，更要适时地让他知道：“我有把你的钱当作自己的钱，并且谨慎花用。”

这不是说他送花、带你吃高级餐厅、带你出去玩，你都要很尽责地“泼冷水”，说他花费太多、没有必要……这样真的很扫兴，千万别这么做。只是说当他“做过头”时，你不妨体贴地帮他踩刹车，跟他说：你真的很感动也很开心，但是你认为这笔钱省下来可以有更好地利用，可以把钱捐给慈善机构（表现你的爱心），可以让他买自己想了很久的音响，可以淘汰他那件穿了十年的外套，可以换一张更舒服的床。反正不要让自己像个自私的女人，要让男人知道，你有为他和“你们的将来”考虑，除非他压根儿没有对你认真，否则一定会感动。

3. 是否唯我独尊、高傲自大、好高骛远

这一点的重要性，我能深刻体会，完全拜魔王所赐（请看拙作《天下女人都会卡的关》之“卡关 7”，有深度剖析）。魔王没有好高骛远，但是唯我独尊和高傲自大用在他身上，绝对是实至名归。过度自大的人，其实内心是极度自卑的。因为，一个真正有自信的人，根本不必以打压别人来证明自己有能力，一个全面了解自己的人，更不需要靠别人的吹捧和肯定来建立内心的价值感。

但是这些缺点要是害得他无人问津也就罢了，偏偏不少此类男人识人能力极佳，懂得选用软柿子方便他后天“调教”成听话的女佣跟班兼啦啦队。看起来柔弱听话的女性，很容易成为他们锁定下手的目标，因为这类女性自我意识比较弱，容易被控制及洗脑。没有错，就是洗脑，不然你以为许多被家暴的女人为何还会乖乖回去？洗脑模式建立以后，女方会完全丧失判断能力及自我价值感，变成什么都不敢做的傀儡娃娃。刚开始或许你觉得他只是大男人，到后来他会控制你的思想、穿着、交友、行为，你若稍有抗拒，不是换来“我就知道你不爱我”的情感勒索，就是一顿臭骂伴随事后道歉和真情告白：“对不起，我不是故意要对你生气，我是因为太爱你，我会吃醋，都是因为在乎你。”

我年轻不懂事时，总是以为两个人黏来黏去、要死要活的爱情应该很过瘾、很有激情，直到自己亲身体会，才明白过瘾和激情只在开始阶段，后续的压力会让你的神经随时紧绷，唯恐误判君意而惹来臭骂，你会开始失去自我、失去朋友、失去梦想、失去信心，因为魔王

型的男人不想要一个“伴侣”，他要的是机器人，最好随传随到、便利好用、听话又没有意见。

可怕吗？这不可怕，可怕的是：很多女人因为不珍惜自己是个独立个体，不知道放弃自我等于放弃灵魂，还会因为魔王男无法离开自己而认为“他真的很爱我”。

爱？**要是真爱是抹杀对方的人格来配合自己，是不允许对方有自由呼吸的空间，是把自私的需求放在对方的意愿上，这个不是爱，是妖魔化的占有欲。**

魔王其实不难辨认，因为交往之初，他就会开始“训练”你帮他处理许多事情（男人都会希望女友帮忙分担杂事，但是绝对不会像魔王那样要我们全包）。好高骛远型比较麻烦，因为需要时间去观察他到底有多少支票会是空头支票，有多少承诺是他说过就忘记。但是，此类型男人几乎都会做一行怨一行，不然就是可以从言谈中发现他的工作态度不切实际，总是把“没有问题”“反正到时候会有办法”“我没有想到会变成这样”等听起来完全不靠谱的说辞挂在嘴边。这一类型男人的散漫个性，迟早会拖垮自己，也会连累身边的女人。

举个例子：

地雷股：“以我的能力，我完全养得起你，你那个烂工作辞掉也可以吧？什么？你说照顾动物是你的兴趣？拜托，你知不知道自己一身狗味，我闻到以后就不想碰你，要不是我爱你，你以为有哪个男人会喜欢你？我的工作能力强，是公司的红人，连老板都要巴结我。比较起来，你做那个工作，真是一文不值！还有你记得，星期天都要空出来，以后每个星期天你都要陪我去运动，反正你那些朋友都很无趣，不见面也可以吧？星期六你自己来我家住，我堆了一个星期的衣服，你还没有洗。”

绩优股：“现在的工作我慢慢得心应手了，这个月的业绩很好，发薪水以后带你去吃大餐。你的公司现在是旺季，假日都要加班吗？没有关系，你这么辛苦为理想打拼，我当然要支持。这阵子刚好你忙，我也接点儿业务来做，我们一起努力多赚点儿钱，就可以早点儿买房子结婚。”

正常男人面对关系中的问题，应该都会尽可能地跟我们商量和讨论解决之道，而不是贬低我们，还强调他什么都懂，听他的就对了。要是我们让这种人得寸进尺下去，到最后有意见都会变成顶嘴，想做自己的事情变成自私，想要独处变成不爱他，如果哪天父母重病住院，还要被他说：“你爸妈已经没救了，你去又不能帮什么，交给医生就好啦！”

好高骛远型不见得没有实力，但是抗压性很低，经常误判情势，欠缺认清现实的能力，遭受挫折以后，又不认为是自己的问题，导致一错再错。这样的个性，经常要环境去迁就他，而不是调整自己去适应环境，搞得人生大起大落。或许这样的男人不是坏人，但也不是可以托付终身的良人，要在下半辈子不断承受他的屡败屡战又屡败，女人得有多么辛苦啊！

4. 面对问题的态度，低潮时的情绪管理

这个也是要交往一段时间才可以观察到，只要不是太笨的女人，我觉得正常相处一年时间就可以判断出来（每周都有见面，不是长期的远距离恋爱）。

为何我说至少要相处一年？因为一年的时间才会有足够的状况及问题，让你看出他是偶尔愤世嫉俗还是先天个性偏激，而且人类在挫折情绪中，会负面思考迁怒乱发脾气都很正常，谁不是这样？只要别太过分，都是可以接受的。

面对问题的态度，首要重点是“解决的诚意”。解决的诚意远比是否有能力解决来得重要，因为能力无法强求，有时候是他做不到，有时候是现阶段没有办法但是或许以后可以。当然，也不是表示有了诚意就可以破罐子破摔。绩优股面对问题时，刚开始也会想逃避，希望没有发生，但是纠结过后，就会重整心情面对现实，真诚地把自己目前能够做到的加以评估。我们女人必须建立的心态，就是提出正确的疑问（针对方法和期限即可），在获得信息以后，相信他会解决。

举个例子：

地雷股：他会碎碎念＋责怪＋怒骂＋怨天尤人，反正事情都是别人搞砸的，他不想背黑锅。除了抱怨以外，没有试图解决及承担的能力，逃避现实，破罐子破摔以后，通常以吃喝玩乐来麻痹自己。任何的问题，他都不认为是问题，因为他不会是那个负责解决的人，反正事到临头他就变魔术……消失啦！

绩优股：**他会广纳各方意见，找出最好的解决方案，包括伴侣的意见。情绪不高兴或是碎碎念，也不会推卸责任，自己应该承担的责任，绝对不会逃避。就算是别人的烂摊子，如果评估以后，发现只有自己可以处理，也会尽力去做。**

至于低潮时的情绪管理，通常有些人是抱怨完也就算了；也有些人是来得急去得快，容易从其他方面找乐趣；有些人即使低潮不如意，也可以强打精神，有几分力做几分事。有些人适应环境能力奇佳，身段更是可高可低。还有些人最痛恨被瞧不起，跌落谷底更会激发向上的野心。

生活中常有一些人很容易沉溺，如果事情顺心时，容易有大头症，因为那会让他误以为自己无所不能，但是事与愿违时，他会跳到另一个极端去否定自己的成就和努力，自我怀疑的漩涡会把他吞没，对于伴侣的情绪依赖及猜疑都会加重。如果不是深爱他而且坚强的女人，很难不被这股负面力量压垮，因为陷入低潮而无法自拔的男人，对于爱的渴望会形成内在黑洞，无论给他多少信任、激励和关爱，都是短暂的麻药，等到药效失去，他又会开始自卑自怜，搞得你仿佛置身于永无休止的梦魇中。

还有另一些人受限于不愿意和不容易改变的性质，通常行事偏向保守稳当，不愿意冒险一搏，就是我经常说的：“宁愿待在烂泥坑，也不愿意冒险试试跳出去。”几乎都是没有把握不会做，要是受到重挫，其打击可想而知，胆子会缩得更小，也无法重振雄风。有些人虽然也会慢慢复原，但是太——慢——啦——那个从低潮爬起来的步调，也不是每个女人都能不离不弃地坚持守候，很多人撑到一半打退堂鼓，对这个失意中的男人又会造成二度伤害。

但是，我还是要提醒大家，对男人要综合判断。我弟弟就是个理性的双鱼男，所以不要以为所有水象男都有填不满的黑洞，后天修为可以让他们的自我控制能力增强。懂得控制负面情绪的男人，具有以柔克刚的本事，同时兼具男人的大气与女人的细心。好不容易从谷底爬起来的男人，更会因为失去而理解人世无常，更会珍惜重新获得的成就，更会感激始终陪在身边的伴侣。我要说的是，若是你心知肚明，自己受不了男人软弱，没有耐心也不够坚强，拜托你就不要跟这么感性和脆弱的人在一起，不然最极端的情况，这一类型男人可能会玉石俱焚。

举个例子：

地雷股：一点点小挫折就自怨自艾，懂得检讨反省是很好，但是他会上纲上线到自己一无是处，并且配不上你，你一定会离开他，让人忍不住想扁他。他还可能遇到低潮就人间蒸发，男人都会希望自己独立地去解决情绪问题，但是他不仅每次都会搞消失不闻不问，还经常半年一年才完全没事般地出现。他的情绪也可能变化万千，让你难以招架，有时开心，有时忧郁，有时愤怒，经常要求你爱他、安慰他，不然就会闹别扭，搞得你不知道自己是保姆还是女友。

绩优股：以上地雷股的症状都可能有，差异在于不会持续很久，看事情的严重程度，消沉几周到三个月还在可以接受的范围，否则就太过分啦！他会渴望你的关怀，并且不掩饰自己的脆弱和依赖，但是也会跟你说，这是暂时的，很感激你陪在他身边，成为他的助力，他会为了你尽快地脱离低潮。若是他希望自己一个人独处，就会提出要求，然后定下期限（视问题的严重程度，看他需要独处多久），并且愿意承诺，如果期限将至，无论如何都会和你联络，而不是就这么消失。

5. 补充你看重的人格特质

这个部分跟地雷股和绩优股无关，主要是除了健全的人格以外，你还可以深入思考自己特别钟爱的人格特质。这就像许愿要一个理想伴侣的法则一样，就算选择了一个符合大部分条件的绩优股，或许你就是喜欢幽默健谈的男人胜过内向寡言的。

你喜欢居家型还是户外型的？你喜欢头脑单纯没有心眼的，还是心思细腻非常体贴的？你喜欢他孝顺，但是或许有点儿妈宝，还是他个性独立，完全不靠家人？

很多女人不会在结婚以前思考清楚这些问题，却在结婚以后才开始“改造”男人，简直是本末倒置。除非男人存心骗我们嫁过去，不然结婚这件事，男人通常比女人想得更谨慎，他们也希望在婚前就把彼此的条件和需求沟通清楚，以免婚后除了柴、米、油、盐的现实生活问题以外，还要应付随时可能发生的《玫瑰战争》（很可怕的一部电影，描述夫妻之间的权力攻防战）。

所以，又有人会问：“老师，你不是说不可以对男人逼婚吗？”

谁叫你逼婚啊？你要是跟对方认识交往还不满试用期（三个月），就没有资格说你确定这个人可以嫁。以上的信息，很多都在“朋友阶段”就可以慢慢了解，做朋友没有压力，男人比较愿意提供正确信息，等到上床以后，你才开始问这些婚后打算，男人就容易联想到你别有居心。无论是内向外向、理性感性、健谈寡言，都在关系定义以前的相处中就可以察觉到。当然，朋友和情人的亲密度有差别，但是性格本质不可能差异大到完全相反，所以不要在交往一年半载以后，才来跟我说：“你不喜欢他死气沉沉，假日都待在家里，也不带你出去玩。”

如果他的本质还算是喜欢社交，就代表这是暂时现象。如果他就是不喜欢，追求期勉为其难地参与，不是太迟钝的女人都能看得出来，他没有乐在其中。**男人与女人相比，更不容易改变生活方式，除非是真的很爱我们，不然男人很少会把先天个性砍掉重练**。话说回来，要是我们爱他，又何苦要扭曲他的个性来顺应我们呢？

男人都喜欢，而且大多数会娶一个“让他感觉能自在地做自己”的妻子，我们女人又何尝不希望老公可以接受我们“偶尔”情绪失调（不能经常），或是身材变形、皱纹变多、日渐老去呢？所谓的“以直报直”，是说我们要真诚地说出自己的看法和需求，如此一来，对方才知道应该如何回应，以及他到底能不能做到。尤其对于你完全不能接受的事情（例如跟公婆住、需要辞掉工作、要尽快生小孩儿），越早开诚布公越好，男人不会觉得这是逼婚，会觉得你也在认真思考结婚这个问题，而且若是知道不适合，你和他一样，不会浪费无谓的时间与精力啊!

6. 从他的家庭看教养及婚后生活

这一点太重要啦!身教重于言教是真理,心理学都有教,**父母亲的教养模式会在无形之间影响到子女对待伴侣的态度。**虽然已经是21世纪,但是许多客户和朋友还会提供“现实人生比小说更离奇”的故事给我。例如:在有些人家里,女人要最后一个吃饭,只能吃男人吃剩的菜,而且洗衣服时要男女分开洗……你说,在这样的环境中长大的男人,会有多尊重老婆?也有男人从小是私生子,活在父亲外遇的阴影中,奇怪的是,等他长大以后,也是这样对待老婆,还说:“也许这就是遗传吧!”(我呸)也有女孩儿的母亲是交际花,男友一个换过一个,造成女孩儿虽然不相信爱情及婚姻,但是跟母亲一样,男友换过一个又一个。唯一不同的是,她妈妈是从男人口袋里掏钱,而她自己奉献金钱给男人,还认为自己这样比母亲清高,因为她是“真爱”。(我晕……)

对于拿父母的经验来惩罚自己及伴侣的人,我觉得既可叹又可悲,不过还是老话一句:这样的人很可怜,但我们犯不着把自己的人生赔进去蹲苦窑。

这一点,其实不难观察,也不难切入。基本上,他要是父母感情尚良好,家里没有重男轻女过于严重之情事,兄弟姐妹之间没有鸡鸣狗盗或亡命之徒,亲戚之间没有阴谋算计巧取家产之嫌,问题都不大。还是一样的道理,除非这个男人故意要阴你(因为你的条件太好，先骗到再说），不然你就大方直接地问，他就会把愿意说的部分告诉你（不愿意说的部分，就要用点儿技巧，或是等感情更亲密时再问），或许他也需要你分享自己的家庭故事。总之，一来二往，加上偶尔的关心，例如：母亲节快到了，你有没有帮妈妈准备礼物？需要我帮忙吗？如此一来，你会更了解他的家庭及家人给他的影响。除了上述的问题型家庭以外，还有一种是我很不推荐却不容易辨认的“家教不良”家庭。

家教不良家庭，包括以下几种类型：

（1）金钱至上，利益挂帅，过度重视门当户对的政治婚姻，有钱有亲情，没钱变无情。

（2）从小就灌输儿女不良观念：投机取巧是对的，占人便宜是对的，说谎欺骗是对的，欺善怕恶是对的，偷鸡摸狗是对的，而且长辈还经常亲身示范人笨被骗是活该，以自己能占尽世间利益为荣为傲。

（3）太多保守传统或是毫无根据的死板观念：年纪相差三、六、九岁不准，姐弟恋不准，离过婚不准，不是军、公、教行业不准，打扮时尚、染发、化妆不准，不是处女不准……

当然不是说对方的家庭有以上的地雷因子就不能嫁，还是有人出淤泥而不染，在离谱的父母及扭曲的家庭环境中坚持品行，成长为绩优股。也有人在刚交往时，男方家庭很不能接受，经过多年抗战，慢慢攻破心防，方获得夫家承认。

但是，这些危险因子就和癌症基因一样，多少还是要考虑到发作的概率，或是危害到婚姻的可能性，所以我还是提出来给大家做个参考，毕竟我写文章的用意只是“预防胜于治疗”，总是希望大家凭自己的力量选择风险比较低的伴侣，能降低悲剧发生的概率。

7. 最后的心理建设

虽然我煞费苦心地写了这么一大篇，我心里其实很清楚人算不如天算，就算我们每一项都有确实的检验，就算我们真的嫁给表里如一的绩优股男人，就算这个绩优股男人也深爱我们且愿意白首偕老，但还是会如那段我很爱的金刚经名句：

“一切有为法，如梦幻泡影，如露亦如电，应作如是观。”

或许也会像某个女孩儿，婚前男友殷勤接送无微不至，对待女方家人如亲生父母，婚后如川剧变脸颐指气使，公司经营不善以后，全赖女孩儿一肩扛起债务无怨无悔。

或许也会像某个女孩儿，开心地嫁给企业家富二代，但是婚后一年不到，公公中风，营运一落千丈，丈夫忙于救急无暇经营婚姻，婆婆对帮不上忙的媳妇冷嘲热讽，终于女孩儿在抓到丈夫和秘书搞外遇的某一天，灰姑娘死了心，带着孩子离开城堡。

或许也会像某个女孩儿，因为从小家境清苦，敌不过现实的压力与学生男友分手，嫁给公司老板，度过了几十年有名无实的“幸福婚姻”，终于在儿女成人以后，鼓起勇气离婚，却在异乡巧遇初恋情人，接续了未了的情缘。

以上，都是我的客户的人生故事。

说实在的，以人类之微薄力量，一定无法参透老天给我们的功课到底是什么。

现实人生也如同股市，今天的地雷股或许会成为明天的绩优股，今天的绩优股或许因为某个利空消息，就会瞬间化为壁纸，成王败寇，就算哪天立场颠倒也未可知。

所以，应该用什么心态去面对呢？在我个人来说，只有三个简单步骤：

第一步：了解自己

第二步：做出选择

第三步：勇敢承担

面对当下，让我们做到力所能及的最好，后续的命运捉弄的那个部分，等遇到以后再来烦恼吧！

犯错语录

◎ 要是真爱是抹杀对方的人格来配合自己，是不允许对方有自由呼吸的空间，是把自私的需求放在对方的意愿上，这个不是爱，是妖魔化的占有欲。

◎ 男人与女人相比，更不容易改变生活方式，除非是真的很爱我们，不然男人很少会把先天个性砍掉重练。

◎ 父母亲的教养模式会在无形之间影响到子女对待伴侣的态度。

错误11 我觉得自己运气很背，总是把感情经营得很失败。

梦洗说：你错了，这和运气没有什么关系，跟心态有很大关系。

写两性感情文章以来，有许多朋友误以为我把感情经营得很成功，这真是天大的误解。如果成功的定义只是很狭隘地结婚生子，我可以说是完全的失败者；如果成功的定义是有学到东西，有成长，有智慧，我觉得这十年受的苦，的确让我往成功方向更靠近了些。

每个人的幸福都不一样，对成功的定义也有差异，但是如果你和我一样，希望能坦然地面对自己，诚实地面对关系，希望尽最大的诚意和努力去经营感情，以及不伤害自己和对方，确实有一些方法可以让我们做得更好。

在我所有的文章里，无论谈的是爱情、友情、亲情还是各种人际关系问题，都会同时告诉大家“心态”和“技巧”两个部分。

随着年龄增长，你会发现：**人世间的所有事情想要妥善成熟地处理，终究脱离不了“心态”和“技巧”的运用。**成熟的处理方式，在我来说，首先是尽量不去伤害事件的所有关系人（包括自己），其次是在伤害造成以后，尽量不要让灾情扩大。听起来好像在救灾或重建，但是其实面对任何事情能做到这样，已经很了不起了。

“心态”和“技巧”，就像是武侠小说里的“内功”和“招式”。

你拿到一本绝世武功秘籍，依照里面的招式去练，拿来对付敌人时，却还是被打得落花流水，为什么？因为你没有扎实的内功去催动招式。没有内力的招式，充其量只是花拳绣腿，打着好看而已，当敌人用真气攻击你，要是躲不过，你就只能挨打。

如果你苦练内功，练到金刚不坏之身，但是你发现，内功扎实虽然能抵御外敌不受欺侮，却只能被动地接受攻击，没有招式的辅助，你只能保护自己不受伤害，却不能保护别人，更无法掌握局面从而反制敌人。

“心态”就像是练内功，非一朝一夕就可以练成，想要蓄积深厚内力，更是不能偷懒，每天都要练习，否则功力难以深化。正确的心态，可以让你知道自己要什么，不会在问题出现时自乱阵脚。

“技巧”就像是秘籍中的招式，即使有强大的内功，没有招式来导引出威力，还是无法根据对手的行动来还击。你学会越多的技巧，越能在每个问题出现时，知道应该如何做出最适当的反应。

最理想的状态，就是“心态”与“技巧”并重，然后根据你比较擅长的部分加强锻炼，但是不要偏废其中任何一项。

现在先跟大家分享如何锻炼内功心法：

第一招：爱自己，以自己的需求为第一优先，再去照顾别人。

爱自己每个人都会说，也被说到烂，但还是经常有人误会爱自己就是要很自私而且我行我素。一个真正爱自己的人，绝对不会自私自利，因为真的懂得自爱的人，会希望自己是一个可爱的人，自私自利和为所欲为的人怎么会可爱呢？真正爱自己的人，会尊重自己和别人，也会设定原则和底线来保护自己。

因此，一个不关注自己、不珍惜自己、不诚实地面对自己的人，绝对没有办法去付出并真正关爱别人。当你的所作所为是为了被爱而不是自爱时，你会经常有无力感，而且总是徒劳无功。

当你不爱自己时，很容易感觉被糟蹋和辜负，并且被不合理地对待，却没有看到自己也要为关系的失败负责。

第二招：随时修正你对这段关系的期许，不要总是盯着唯一的目标。

很多女孩儿会在恋爱的初期，设定对方是“真命天子”或“结婚对象”，不是说你不能以结婚为前提跟男人交往，而是说当你完全被目标导向牵着走时，很可能会忽略许多警讯。例如：你们个性完全不合，家庭背景的差异，未来目标是否取得共识，甚至是细微的生活习惯。

你可以清楚明白地跟对方说你想定下来，但前提是“确定他是那个适合的人”，而不是因为不甘心、执念、占有欲，导致“你无论如何都要他”，即使他是个酒鬼或虐待狂或多情种，你也要义无反顾地跟他在一起。

因此，在交往期间，你还是要冷静观察，你们是否“大致”适合对方。没有完美的对象，只有原则和方向大致相同的对象，才能共同创造出完美的关系。

这样做的好处是各自都留有余地，你没有把一切都赌在他身上。拜托，这样对他也不公平，他没有要求你把他当作生命的一切，而且相信我，假设你遇到一个男人，把你当作生命的一切，一点儿都不好玩。我敢说，《了不起的盖茨比》中的 Gatsby 如果不是死于枪下，Daisy 一定会被他烦死以致厌倦，因为**把爱人当作一切的生存态度，本身就是在制造压力。**

第三招：就算你们彼此相爱且互相扶持，是彼此的今生至爱及灵魂伴侣，也要告诉自己人生永远有意外，当意外发生时，你要尽量心平气和地面对。

上帝给的礼物（好的或坏的），就是人生充满惊奇。我说的“意外”，包括任何你想得到和想不到的事情。

有一天你醒来以后，发现他不再爱你，这是意外；有一天他突然不告而别，没有任何征兆或预警，这是意外；有一天他去上班，然后晚上你接到警察电话，说他出车祸去世了，这是意外。感情的开始只需要两情相悦，但是关系告终却可以有各式各样、匪夷所思的理由和原因。

所以，我们要杞人忧天地在蜜月期就想着给对方送终吗？当然不是，只是要接受人世无常，计划总是赶不上变化，而且无论人们的承诺和誓言多么真心诚意，当改变来临时，那个巨大的力量是很难抵抗的。通常那个力量之所以巨大，是为了把我们推向成长，抵抗只是让伤口更慢地愈合。所以，可以痛苦，可以哭泣，可以让自己沉沦一阵子，但是自己要知道何时够了，擦干眼泪抬起头，把日子过下去，还是一句老话："时间是最好的疗伤止痛药。"

更何况，有时候那个先转身的人，或许是我们自己！你永远不知道哪个人会先离开，不是吗？

第四招：找找看任何狗屁倒灶的悲惨不幸事件的光明面。

这真的很难做到，尤其当自己身在其中，还是"受害者"的时候，但是我还是要很煞风景地说："再糟糕的事情，只要你愿意去寻找哪怕微小的正面意义，你就会找得到。"

我想到有一年圣诞节，我粗心大意地丢失了男友送我的圣诞礼物——一条美丽的项链。为此我沮丧不已，还想着要是男友问起，应该如何解释，挣扎烦恼到最后，我选择在隔天据实以告，并且跟男友说："往好处想，在圣诞节捡到它的人，一定很开心，觉得它是圣诞老人给的礼物。"但是，男友不能接受我这样的想法，很气愤我弄丢这么贵重的礼物，还能如此神经大条地不当回事。

我不怪他这么想，因为他花钱并用心地挑选了项链。弄丢项链真的是我粗心大意，我真的很愧疚，因此他不高兴地说再也不送我任何礼物时，我压抑着自己的难过和委屈说："我了解，我真的很抱歉。"

其实，我心里很想赌气说“不送就算了，谁稀罕”，可是我知道这么说，当时或许会很爽，但是跟男友的关系就会降到冰点，也会被他认为我是幼稚任性的女友而产生不好的印象，所以我忍住了。

经常跟大家说，你无法改变现实，很多事情已经发生，后悔也没有用，可是你永远可以改变看待事情的想法，你永远可以找到悲剧中的光明。

一些老生常谈这样说：“不是得到，就是学到。”“拆散一对怨偶，成全两对佳偶。”“如果你已经尽人事，有时候只能听天由命。”

我遇到过暴力型的危险情人男友、花心劈腿不断的男友、交往以后才知道他已婚的男友、论及婚嫁却失踪的男友……够惨了吧？

可是，经历过这些事情的我，都可以正面思考，我最庆幸的，就是我离开了这些人。

就算现实再不堪，你还可以拥有一个希望，就是未来有无限可能，活下去，你才有机会改变你的未来。

错误12 有正确的心态，可是碰到实际问题时，我经常会忍不住发脾气。

梦洗说：你错了，用对技巧，就可以避免彼此不愉快。

这次，就来谈谈如何运用技巧避免破坏感情。

两性关系的问题和情况变化多端，有时候必须见招拆招。但是，总是有一些万变不离其宗的技巧，可以派上用场。

第一招：尽量冷静地讨论关系中的问题，小吵怡情，大吵伤身。

我现在已经进化为一个非常理性的女人，可能是月亮天秤的关系，我不喜欢任何争执和冲突场面，那总是会把我搞得既尴尬又难堪，因此我无法认同“越吵感情越好”的观念。

除非你和对方都是走洒狗血的激情路线，不然只要有一方希望理性沟通，无论你们本来感情有多好，吵架绝对会把感情越吵越淡。这里讲的不是那种打情骂俏的口角，或是床头吵床尾和那种以催情为目标的斗嘴，我指的是双方各执一词，难以取得共识，争论焦点在谁对谁错，或是想压制对方的毫无意义和建设性的吵架。

连我老公这个没有看过两性书籍的男人也知道，关系不是双赢就是双输，只要两个人吵起来，赢了道理的那一方，其实也是输了感情，在道理上讲不赢的那个人，在感情上也会给对方扣分。

总之，当伴侣关系经营到把对方视为敌人，绝对不能算是成功，若证明自己比对方优越和正确，更是会抹杀浪漫。如果你是难以控制情绪的人，至少要学会生气时闭嘴，并且捂住耳朵离开现场。

当你来到一个能够让自己冷静下来的地方，请你问问自己，是否还想要把关系经营下去？如果答案是肯定的，把你要讲的话整理一遍，如何能够冷静而且态度温和地陈述给对方，如何把你要问的问题精简和聚焦，当争吵到最后可以得到双方都同意的结论，并且重归于好，才是有意义的争吵。但要是可以不吵架而进行理性地沟通，岂不是更节省时间和力气？

第二招：先想再说，一边想一边说，不知道应该怎么说，就不要说！

很多客户会跟我抱怨，自己的口才没有男友好，经常在沟通时语塞，或是一时情急，说出不应该说的话，导致后悔不已。口才可以通过后天来训练，但是我承认，的确也是需要天分。我只能建议，如果你是口才不好、反应又慢的人，在沟通时，最好背下这些例句，以备不时之需。

如果对方丢出许多问题给你时，你可以喊暂停，并且说：

“停！你可不可以说慢一点儿啊？我前面还没有思考完，你就接着讲后面的了。”

如果他丢出的问题，你突然不知道怎么回答时，你可以说：

“这个问题，我现在无法回答你，你必须给我时间，让我思考一下儿。”

要是对方追问你，要思考多久才可以回答他，你可以说：

“等我想清楚以后，就会立刻告诉你，我现在真的无法回答。”

要是他还是死缠不放，要你现在就给他答案，你可以说：

“你可不可以尊重我？我说我要思考，你就要让我思考，如果你再逼我，我就说不知道啰！”

一般来说，除非是特别“缠人”的人，不然都会放弃追问，让你思考清楚以后再回答。这么做，是为了避免说错话，或是迫于压力让你说出违心之论。要是你真的不知道应该怎么办时，更要先把答案hold住，这是保留弹性和空间去应对。

为自己的言行负责是成熟的表现，足够的时间能让我们确定自己的选择，所以为了自己也为了对方好，你当然有权利争取足够的时间去思考。

女人更要注意，当你怀疑男人犯错时，不要急着去兴师问罪，就算今天是抓奸在床，也不要失去风度去泼妇骂街，因为**在恋爱关系中，谁如果失控，谁就输掉了一半。**通常女人抓狂以后，男人就会毫无悔意，因为你的发飙会让他觉得他已经得到了惩罚，事情可以告一段落。想要让犯错的人真心悔改，让他不知道自己会“得到什么教训”，才会有更强大的效果。这一切，除了你可以先控制情绪以外，别无他法。

第三招：不要在时机未成熟及搞不清楚情况以前，就对问题产生强烈反应。

他好几天都联络不到，你觉得他失踪了。

你发现他经常离开你去接神秘电话，你觉得他在搞鬼偷吃。

你问了他许多私人问题，他都是含糊带过，你觉得他隐瞒了不可告人的事情。

他答应你的事情经常没有做到，约会放你鸽子，承诺总是空头支票，假日总是关机，永远见不到他的朋友和家人。

没错，以上这些事情都很可疑，都值得一探究竟，但是真相经得起时间考验，没有足够的时间，你又如何能发掘真相?

不管你们在床上是否熟悉彼此的每寸肌肤，身体的亲密绝对不代表情感的亲密。交往时间太短，对彼此了解尚浅时，想要达到情感的深度亲密状态，除非你们有心电感应，或是前世记忆相连，或是双方都是从事心理咨询工作，非常会看人，不然概率非常低。

这也是我为何会强调最好先跟男人做朋友起码三个月，因为**男女之间的关系，“性”是一个绝对的分水岭。**你和他是朋友时，跟你们上床以后，相信我，你能观察到的信息，绝对是天差地别。而且，很多男人还会以“上床以后，你们的关系不会改变”来鼓励你这么做，但是很抱歉，关系一定会改变，毋庸置疑。

最明显的就是：当男人还在和你做朋友并试图要追求你时，他基本上会有问必答，话题的丰富程度和分享程度也会比较多。一旦上床以后，他就会习惯性地让每次约会都包括上床行程，达到上床的目标以后，他就会对你讲的话忽略掉或是爱理不理，这也不是表示他不爱你或是不重视你，而是达到上床这个目标以后，男人对你的话语的注意力，就是会比较分散。

以上举例的可疑状态，很多都跟私人领域有关，当你和他不是“他定义的男女朋友”时，他会觉得那些事情是他的隐私，你无权过问。你觉得你们的关系很深入，是你家的事情，问问他怎么想，男人一定会说实话，只是你的心脏必须很强。

也就是说，当他确实说你们是男女朋友，并且在公众场合或是亲友团面前，介绍你是他的女友，而不是说你是某某人时，这些公开的宣示主权，都会比跟你单独在一起时，发毒誓说自己没有其他女人要来得可信，这也是你可以合理怀疑并且查证他可疑行为的通行证。

如果你们一直是地下情，他不曾介绍你是他的“女朋友”给他的朋友和家人认识，你和他的关系，可能在他的定义里并不是女朋友，所以你没有资格去追问他的行踪，也没有资格去查看他的手机。

当然，不是说成为经过认证的伴侣，就可以合法地侵害他的隐私，只是情节上没有那么严重。你如果不是他认可的伴侣，这么做可能会让你成为他认证伴侣的概率降到几乎是零。

因为，当你没有经过他的许可，就摆出老婆姿态去调查他的许多事情，男人一是会觉得你很恐怖，二是他会知道你已经被他吃定了，因为你非常在乎他。在男人没有爱上你之前，就让他知道已经吃定你了，这和举白旗、割地赔款没有什么不同。

足够的交往时间，才可以让你观察到，以上他的可疑状态是暂时的，还是经常而且持续的。在时机未成熟之前，无论你觉得多么离谱可疑，都有可能只是误会，就算不是误会而是事实，就像我之前说的，你还没有资格去管这些事情。

到底要交往多久，你才有资格去质疑这些可疑状态？其实，当他在亲友团面前认证你是女友，或是你们已经结婚，你就有资格去调查这些事情，但是请记得第一招和第二招：**如果没事，不要吵架；沟通的时候，多一些空间和弹性。**

第四招：使用“诱导式”问话，以接近真相。

诱导式的问话技巧，可以让你在第三招的“时机未成熟”及“搞不清楚情况”时，尽量获得你想要的信息来帮助判断。就算你们已经结婚或是关系很深入，这也是缩短沟通时间的有效技巧。

我们以第三招的可疑状态来举例：

1. 他好几天都联络不到，你觉得他失踪了。

——事实真相可能是他的手机不见了，他又记不住你的电话号码，或是他就是个糊涂鬼，把手机调成震动，然后又没有电啦！

2. 你发现他经常离开你去接神秘电话，你觉得他在搞鬼偷吃。

——或许是因为他在外面欠下很多债务，而不是哪个女人的电话，或是他有个喜欢骚扰他的前女友或前妻。总之，他当然是不想让你听到，才会走出去讲，你可以问他这件事情，但是在时机成熟以前，绝对不要乱发飙。

3. 你问他许多私人问题，他都是含糊带过，你觉得他隐瞒了不可告人的事情。

——要是他的回答是，希望在两个人关系更深入以后，才让你知道这些事情，就给他足够时间，他可能只是生性多疑而且没有安全感的男子。但要是他总是打哈哈不当回事，并且明显表态你没有权利知道这些事情，你要做的就是和他保持距离以策安全，谁知道他瞒着你的事情会严重到何种程度？

4. 他经常答应你的事情没有做到，约会放你鸽子，承诺总是空头支票，假日总是关机，永远见不到他的朋友和家人。

——男人如果不给你时间，就是百分之百有问题。只是那个问题不一定与女人有关，可能是他其实失业很久了，可能是他负债几千万，可能是他罹患绝症，或是他爸妈罹患绝症。当然，他的形迹诡异的最高概率的可能性，不能排除还是因为女人居多，因为其他的理由男人通常比较容易说得出口，还会觉得如果你能接受，就一定是真爱。只有变心劈腿这个理由，世上的男人都知道绝对不能说，一说就死定啦！

我们要如何利用“诱导式”的问话，引导出以上那些X档案的真相呢？

可疑状态1（即使联络不到，也可以留言语音信箱，或是发信息）：

笨女人："你为什么不接我电话？你是死到哪里去了？要分手也至少说一声啊！你这个不负责任又没有担当的家伙！"

聪明人："你还好吗？没有什么事情，只是几天没有联络，想跟你聊聊，回来call我，有一些事情要跟你说，想你哦！"

可疑状态2（等他讲完神秘电话回来以后）：

笨女人："你刚才是和谁讲电话？干吗走出去讲？怕被我听到是不是？你把电话给我，我要弄清楚你在搞什么把戏！"

聪明人："刚才是谁打电话来啊？看你脸色不对劲，是很严重的事情吗？（担心状）为何要出去讲？要是有烦恼，可以告诉我，我愿意支持你，好吗？"

可疑状态3（对你的疑问，他又含糊带过以后）：

笨女人："你知道你什么事情都不告诉我，我当然会胡思乱想，当然会觉得你不在乎我、不重视我。要是你爱我，应该会让我知道更多你的事情，难道不是吗？"

聪明人："我知道我们喜欢对方，但是我们在一起也不是很久，我能理解你还不是很信任我，所以我不怪你。我只希望你知道，我很认真地看待这份感情，我希望你准备好的时候，会告诉我更多关于你的事情，好吗？"

可疑状态4（他不遵守承诺，并且不承认你，你忍无可忍之后）：

笨女人："你又放我鸽子！你自己说，你答应我的事情，哪一件真的做到了？每次都说下次，到现在我还是没有见过你家人，也不知道你假日都在搞什么鬼！"

聪明人："我只是要你知道，我注意到有一些事情不太对劲，我们在一起半年多，我没有见过你朋友，也没有见过你家人，不知道你在哪里工作，每次约你假日一起出远门，你都刚好有事情，你觉得如果你是我，你会怎么想？会不会觉得这种交往模式很奇怪？会不会觉得对方似乎不是认真的？请你不要再跟我说，每个人的步调不一样，或是又说，下次一定会做到答应我的事情。如果你真的重视我，就应该尊重我提出来的要求，不然我也不想再浪费时间。"

技巧篇都是要求冷静、理性并心平气和地表达你的看法，不是说不能生气，而是说没有必要生气以及生气却无法解决问题时，我们应该让自己更理性、更淡定，因为这样才是真正有力量的姿态。

如果我们要的是一个终身伴侣，你觉得在一起相处几十年，用半年的时间做朋友慢慢观察清楚，这个投资会很划不来吗？应该是有必要的吧！

如果在做朋友的观察期，这个人就因为不能等待而离开，那就算啦！想要赶快把你弄上床，以避免沟通或是被了解的男人，要么是他问题很多、个性很差，要么是他缺少自信、没有内涵，要么是他自视甚高、看不起女性，绝对不会是愿意认识你和珍惜你的好男人。

所以，如果在认识一个月以内，他就急着要发生关系，你不答应，他就搞失踪，这种男人完全没有什么好可惜的。请不要觉得自己是错失良机，其实你是节省时间了！

犯错语录

◎ 人世间的所有事情想要妥善成熟地处理，终究脱离不了“心态”和“技巧”的运用。

◎ 把爱人当作一切的生存态度，本身就是在制造压力。

◎ 在恋爱关系中，谁如果失控，谁就输掉了一半。

◎ 男女之间的关系，“性”是一个绝对的分水岭。

◎ 如果没事，不要吵架；沟通的时候，多一些空间和弹性。

错误13 如果他真的爱我，不是应该包容我所有的情绪吗？

梦洗说：你错了，再美的女人，情绪化都会让男人退避三舍。

其实，感情经营就是两个字：分寸。懂得掌握分寸的女人，日常的人际关系也会很受欢迎。

对于情绪释放的拿捏、如何掌握中庸之道，几乎已经成为我一生钻研的学问。现在的我，经常会被朋友和客户说脾气很好或是很有耐性，但其实不是的，我经常会被笨人和笨事惹毛，被不优雅的举止搞得很不悦，差别只是在年轻时我会直接发飙，现在已经锻炼到可以表面不动声色、平静无波。这不是假装，而是圆融的人际关系所应有的进退，也就是人们经常说的“识大体”。

我只能说，分寸运用得宜，就跟名厨美食一样，火候早晚和调味轻重，都会影响到整体成品的色、香、味。“分寸”的确是一门需要依靠经验不断练习才愈加精进的技艺。

也正因为如此，爱情初学者最难的就是掌握分寸，不是过于按表操作不知变通，就是画虎反类犬搞得四不像。关于这一点，除了依靠前辈和书中的经验来弥补不足之外，**唯一的方法其实就是多谈恋爱。**

人世间哪件事情不是熟能生巧？恋爱亦然！当然，我们女人不需要像某些男人般把感情史当作功绩炫耀，但是面对每一段关系都当作是一个功课，如果感情确定无法继续下去，或是找不到留下的理由，就要学会放手潇洒离开。一个只会煎荷包蛋的厨师，就算他把荷包蛋煎得多销魂，也不会有人承认他是名厨。

在感情中，必须有认真却不执迷的决心，才可以做到情绪控制得宜，因为无所谓和无所求，才会有平常心，骂得最凶的都是最在乎的。

情绪控制对于某些朋友来说特别难学，但是难学不代表学不会，因为再情绪化和再会发脾气的人，都不可能一天二十四小时都处于沸腾状态，这类朋友是不是有理性和清醒的时刻？有啊！

既然你曾经控制住情绪，就不是“做不到”，而是“不愿意做”，这两者之间在心态上已经有极大的差异。如果你能控制自己不对老板发飙，骂他是乱给指令的猪头，你就能做到不对男友发飙，关键只是愿不愿意做，而不是做不做得到。

情绪控制差的人，要先承认自己有这个问题，因为承认问题是改善的第一步，但不是要大家成为没有情绪的人。我们是人类，不是机器，人类都有七情六欲，就连圣人也有，只是他们转化的速度快到让凡人无法察觉。

关键在于不要过度，例如，跟朋友发男友牢骚？当然可以！但是，你如果每天缠着朋友吐苦水，哭个不停，有时候生气，有时候哀怨，没过多久，朋友就会避之唯恐不及。

男友习惯性迟到？喜欢否定你和吐槽你？喜欢恶作剧闹你？你当然可以也应该生气，不生气才奇怪呢！但是，你不必气到当场就要求分手，在他的朋友面前，让他颜面尽失，或是抓准机会悲从中来，泣诉跟他交往以来的各种不堪，这样就是无限上纲，没有必要，而且男人会觉得你是爱小题大做、大惊小怪的Drama Queen。

对于他惹你不高兴，而且确实是他不对的事情，你必须让他知道“你不喜欢，请他别再这样做”。**这个时候生气，要把握“严肃、正经、冷漠”三个要诀。**我经常说，跟男人发飙吼叫，既会伤害喉咙，又没有效果，搭配哭泣更是模糊了焦点，男人会根本听不下去你教训的主题。

只要你能冷静地陈述问题，以严肃的口气及语调诉说你的感觉，并且清楚地下达指令（这个很重要），跟男人说明怎么做，你才可以不再生气，他们也会很感激你指点明路。

正确范例：

你：“你跟我约会总是迟到，我也不想生气，但是这个星期已经发生三次了。”（双手抱胸，冷静严肃地直视男友双眼，并且指出事实。）

他：“我不是故意的！我已经跟你解释了，刚好有紧急情况，都是临时有急事啊！”（最好你是超人或蝙蝠侠，必须随时准备变装去拯救世人。）

你：“这些我不管，重点是我感觉很不被尊重，那些时间我可以有

其他安排。”（强调他损害了你的利益，别净说些你不爱我、不关心我的屁话。）

他：“**哎哟，我也没有迟到很久啊！**”（男人很喜欢用“哎哟”蒙混过所有事情。）

你：“**无论你有什么理由，下次你跟我约会，要是迟到超过半个小时，我就会去做自己的事情。**”（不必跟他说，他要是再迟到，你会做什么事情，但是你言出必行，请记得他要是再犯，你就要离开现场。）

在日常人际关系中，情绪控制也是同样重要，热情过头就像是装熟人，会让我们觉得“我跟你很熟吗，干吗这么亲热”，或是怀疑你要拉别人做直销；负面情绪过度，也不必我多说，会让大家觉得你头上仿佛笼罩着一团低气压，缠住谁就会诉苦个没完，千错万错都是别人的错，试问谁想跟这样的人做朋友？

情绪化的女人还有一记绝招，就是每次发脾气以后，都会把责任推到对方身上，这些客户总是会跟我说：“可是，是他不对啊！”“如果他不这样做，我就不会生气！”“是他先骗了我，我才会这么难过！”“我就是要把事情讲清楚，谁叫他要惹我！”

是啊，是啊，大小姐们，都是他不对，这种烂人你早甩早好，何必为他大动肝火？

但是，会这么情绪化的女人们，通常还配备了“依赖性强”“没有安全感”的特质。所以，她们不是真的想分手，只是在对男友进行“情感勒索”，想换取更多关心而已。

总之，任何形态的情绪化，只能收一时之效，绝对不可能换来伴侣的尊重，而且最可怕的是，执行情感勒索的人会食髓知味。如果我们纵容别人对我们情感勒索，最后就会演变为一哭二闹三上吊，因为这个人会发现，小哭没有用，要大哭；大哭没有用，要大哭大闹；哭闹都没有用时，要开始威胁对方会自残；威胁对方会自残也没有用时，这个人就会真的做出伤害自己或是玉石俱焚的行为。

所以，女人应该学会不用情绪去控制男人，而如果遇到会用情感勒索来控制我们的对象，就要冷漠对待，让他知道“此路不通”。否则，他一旦知道这一招有效，绝对会反复使用以达到控制效果。

最后，对不知道应该怎么控制情绪的朋友，提供一个简单的口诀：

“正面情绪感性放，负面情绪理性收。”

错误14 男朋友不接电话，当然要打到他接为止，要是他在偷吃或劈腿怎么办？

梦洗说：你错了，这是烂招，会让他逃得更快。

我二十几岁时开始谈恋爱，当然也犯过许多错误，也用过许多不好的招数。

我现在回想起那些蠢事，真的会怀疑自己曾经被外星人换过脑袋了！

当年的我，怎么可以无知愚昧到那种程度？现在的我，又是如何看清楚那些行为的无用及愚蠢的？

为何当时觉得死缠烂打他会更爱我？他只会更瞧不起我吧？

为何当时觉得放狠话或摊牌会有用？只会让男人更快地被吓跑吧？

为何打电话给男友通信簿中的女孩儿？只是为了证明她和男友是不是有一腿？

为何总要口是心非？完全不想分手，却经常把分手挂在嘴边？

为何跟朋友逞强说，自己已经不在乎他，却偷偷打电话想知道他的近况？

人生的道理，一通百通，爱情也是一样。

做错事情并不可耻，可耻的是，不愿意承认那是个错误。

做蠢事也是被允许的，只要你自己清楚明白，那是一件蠢事。

感情的最困难之处，在于诚实地面对自己，因为自欺欺人总是比较轻松。

接下来，想和大家聊的爱情烂招，都是属于“自以为很聪明”的控制手段，也都是当你无法面对自己也无法看见这段感情的真相时，误以为能够掌握主导权，却只会加速摧毁感情的烂招。

知道和学到之间，毕竟有一段距离，如果你用过这些烂招，不要觉得自己的感情没有救，总是要跌倒以后，才会知道痛，我只是把你们在将来会体认到的事实，先告诉你们而已。

烂招系列主要是针对恋爱阶段做分析，但是原配太太们当然也可以参考，对男人来说，暧昧对象、情人、女友，以及明媒正娶的老婆，这几种角色的“权限”和“后果”完全不同。有些烂招如果是老婆做，老公只能摸摸鼻子自认倒霉，但是如果是女友做，可能就会被男友“冷处理”，然后准备把你甩掉。

以下的情节，只要类似都算数，不要跟我争论你的做法比较聪明，或是你有更正当的理由，一样都很蠢，也不会达到你预期的效果。

女人经常用的第一个烂招，就是在电话上做文章，延伸出许多负面情绪及战争。

例如：有一些女人，会在男友不接不回电话很可疑时，“缠”着朋友打电话给他问个究竟，或是用公共电话打过去，看他会不会接。但是打过去要是他接，河东狮型的会直接开骂“你干吗不接我电话，你跟谁在一起”；小媳妇型的会不讲话，只敢偷听背景声音，试图从中判断他在哪里，或是身边有没有其他人，或是他在干吗……

这个烂招蠢在哪里？

首先，这么做真的很无聊，证明你不仅没有头脑，也很闲。这么做的用意，无聊到我每次听到有女人这么做，就会立刻翻白眼加叹息，因为这个很无聊又没有用。我们在做任何事情以前，记得要问自己一句话：“我这么做，是为了得到什么？”

女人的天性是：感性情绪化容易，理性逻辑困难，即使是法律高才生和数学资优生的女人，到了感情这块，也会变成糨糊脑袋，那些逻辑推论、分析归纳好像都被丢到九霄云外了。

所以，为了平衡这点，我会奉劝大家在处理任何感情问题时，宁愿多一点儿理性，再慢慢加入感性。以我自己来讲，因为是急性子，所以**我遇到感情状况时的原则是：**

没有意义的事情，不做；

浪费时间的事情，不做；

知道会不开心的事情，不做；

要做不开心的事情，就设法让自己开心地去做。

对我来说，打无声电话或是夺命追魂 call，既没有意义，又浪费时间。

如果要为这件事情找个理由，只可能是因为他让你不爽，所以你要让他更不爽，但是这样做的后果，也可能不仅找不到真相，还会让你更生气，更搞不清楚情况。对我来说，要是知道做这件事情会让我生气，我宁愿不做，因为无声电话打过去，我可以证明什么呢？而且也没有严重的事情一定要拼命打到他接吧？

我经常跟朋友开玩笑说，最严重的事情也只是有人快死了，你拼命打电话要逼他接，快死的人就可以不死吗？已经死的人就会复活吗？如果你是打算用寻死逼他接电话，这样叫作情感勒索，聪明人最好不要理你，因为这个烂招只要有效，以后你就会用这招来控制男人，直到有一天没有效，或是直到你真的寻死成功为止。

烂招最可恶的地方，就是这些伎俩全部都是情感勒索。你先利用对方的感情来要挟他改变或配合，要是对方不从，你就越做越过分，导致稍有良心的人最后都会屈服，但是因为这个屈服是权宜之计，并非心甘情愿地留在你身边，所以用烂招绑住男人的女人，绝对得不到伴侣的喜爱和尊重，因为他是带着愧疚、恐惧和同情的复杂心态，行尸走肉般地和你耗下去。（我知道很多笨蛋会觉得这起码绑住了他的人，但有意义吗？）

进一步分析，他要是不接也不回电话，只有“他不想”或是“他不能”两种情况。

以“他不想”的情况来说，无论是为了什么原因，他不想接电话以及回电，就算你打到手机没有电，或是用其他号码打到他接，他的口气绝对不会很好。如果他真的在外面搞外遇，听起来的语气不是装傻就是生气，但是对让你明白真正的事实毫无帮助（除非你会瞬间移动）。如果他没有不忠，只是心烦不想接电话，或是在忙其他事情，也会觉得你是个无理取闹的女人，对你的印象会大打折扣。

你以为请朋友打就不会穿帮且又保险吗？才怪！你以为他猜不到是你指使的吗？难道你朋友这么巧就在你打他电话怎么都打不通时，突然想到要跟他闲聊？

要是你用公共电话打无声电话，虽然他没有任何证据可以证明是你打的，但是他心里绝对会怀疑你。行为的产生根植于心态，会在找不到男友时，疑神疑鬼地开始疯狂打电话的女孩儿，在平日的相处中，就会散发出没有安全感及缺乏自信的特质。这是鸡生蛋、蛋生鸡的逻辑，**要是你对自己有信心，不需要男人给你安全感**，你根本不会做这种无聊的事情，反之亦然。

以“他不能”的情况来说，所谓的不能，就是他在忙其他事情，不管他是忙公事、私事，还是家事，都是不想被打扰才会不接。我自己在咨询时，都会尽量不接电话，还有人会：开会、开车不接，看电影不接，亲子活动不接，睡觉不接，度假不接……每个人对隐私权的需求都不同，就算亲如夫妻也要尊重彼此。试想，要是成为男女朋友，就意味着所有电话都不能漏接，那是多么巨大的心理压力？我真的有客户因此跟男友分手，而且她的男友是神经病，她只要漏接电话之后回拨，男友就会臭骂她一顿，教训她为何不接电话，还会无限上纲上线到：她根本不爱他，不尊重他，不在乎他……这个客户苦撑了三年多，最后还是分手了。

拜托女孩们，轻松一点儿，只要他不是刻意失联，他总会出现，你们总会联络上，与其夺命追魂 call 到他觉得你莫名其妙兼之不可理喻，不如简单告知重点，或是留下信息，请他忙完以后回电，之后就做自己的事情，等他忙完以后，就会打给你，何必苦苦相逼地一定要找到他呢？

我知道一定有人会问：要是他真的刻意失联呢？

这种男人就放生吧，还管他是死是活啊？

错误15 为了得到他，怀孕逼婚，或是一哭二闹三上吊，也是不得已的策略！

梦洗说：你错了，这都是情感勒索的烂招，就算他愿意负责，也无法真心爱你。

数不清的连续剧和电影教坏了女人，尤其是让女人认为：一哭二闹三上吊，利用分手进行情感勒索，利用怀孕逼迫对方承诺，就可以得到爱情。

利用这些烂招得到男人的女人，看起来是赢了，其实是输了。

被这些烂招抢走男人的女人，看起来是败了，其实是胜了。

蠢在哪里？

大家都知道，治病分治标和治本，治标通常只能暂时缓和症状，治本才能真正地改变体质恢复健康。但是很遗憾，所有治标的方法都是快捷方式，所以大家很喜欢用；所有治本的方法，都要付出长时间的坚持与努力去维持，所以大部分人都会寻求“快速、便利、有效”的治标方法。

例如：怀孕逼婚，真的是烂招中的顶级烂招，但是不可否认这是快捷方式，就像八卦杂志经常报道的，女明星怀了富商的孩子，希望借此一步登天，但好笑的是，除非这个富商是坐享其成的富二代，不然自己白手起家建立事业版图的男人，大多数也是纵横商场阅人无数，怎么会不知道你在耍什么把戏？怎么会不知道你是何居心？

所以更讽刺的，经常后续报道就会说：这个富商愿意养孩子，但是不愿意娶妈妈；或是觉得自己被陷害，完全不闻不问的，也是大有人在；即使好一点儿的愿意认账，之后也几乎都会传出婚变外遇，或是过没几年就离婚。

在心态方面，我要提醒大家，越是有钱的男人，其实很奇怪，越是不希望女人只是为了钱跟他在一起（这和美女希望被证明自己有智慧一样），这样当然很矛盾，因为另一方面，这些高富帅以自己的成就为傲，而且也看到许多拜金女前仆后继地一拥而上，因此他心里会同时觉得：**“权力和财富，真的就是春药。”**“但是不知道有几个女人可以共患难，并且是真心爱我？”

人性就是这么矛盾，男人在爱情中也有纯情的一面。说到现实，女人在爱情中看到的现实面，还是比男人多出很多。

所以，当你急着用怀孕绑住男人时，男人不会觉得你是因为很爱他，而是会觉得：

1. 你这么急着想结婚，一定是没有行情市场和其他选择。

2. 你这么急着生小孩儿，是觉得自己年老色衰了吗？还是除了当妈妈以外，没有其他事情可以做？

3. 你用怀孕这招，就是不相信我们的感情，你想主导并加快进度。

4. 你用怀孕这招，就是知道我想离开，所以故意设下陷阱来绑住我。

因此，只要你怀孕是很明显的预谋，你知道不适合在此时发生，你知道他不会想这么快就有小孩儿，但是你还是做了，就是在设计陷害这个“你很爱的男人”。你爱他的方式，就是设计陷害他掉到火坑里，落入阴谋里，进入他没有准备好的生活。这种爱人的方式，非常自私吧！

而且，诸如这类一哭二闹三上吊的烂招，都有几个你在操作时没有预料到的缺点：

1. 如果他有良心，还是爱着你，觉得必须对你负责，他就会买单，承受你造的业，但是从此之后，就会给你贴上“可怕、有心机”的标签，因而无法从心里爱你，也无法对你放松戒备。

2. 糟蹋一个善良正直的好男人对你的信任，其结果是很严重的，就算他嘴上不说，但是心里绝对会觉得被你陷害了。如果有一天，他遇到一个天真单纯的女孩儿，就会很容易被吸引。

3. 如果他是自私自利、没心没肺的人，在你误判情势下，你只能认命做个单亲妈妈，还不能怨恨任何人，因为谁叫你要这么蠢？

4. 如果他是花心成性、裤带很松的浪子，很多社会新闻证明，就算你生十个孩子，也不可能绑住他，他会去外面再生二十个。到那个时候，累死的是你，变成黄脸婆的也是你，如果你因此自杀，更对不起父母和孩子，而且他也不会愧疚很久，几个月以后，又会重出把妹江湖。

这就是为什么我不赞成用怀孕的方式来逼男人就范，这样做也会透露出：你对自己没有信心，害怕他不要你就不会有其他男人要你。如果他是个烂人，这样做还会透露出：你接受他很烂，还愿意跟他在一起，因为他烂成这样，还有女人愿意为他生小孩儿。男人的思维逻辑，不是女人一厢情愿的逻辑啊！

女人心想："你对我这么坏，我还是愿意为你怀孕生子，跟定你一辈子，你只能爱我一个人！"

男人心想："我对她这么坏，她还要为我生小孩儿，还要跟定我。看样子，这个女人真的是没有行情，自卑到了极点。我应该可以完全吃定她，反正我怎么玩，她也是爱我爱到无法离开，现在连小孩儿都有了，她更是拿我没有办法。"

不要怪男人的想法这么贱，是你自己在作践自己！明知山有虎，还送上门去做饵食，这要怪谁？

唯一适合先有后婚的情况，就是双方都有认真交往迈向未来的共识，孩子的提早出现只是加快了行程，不是其中一方完全没准备好的意外人生。所以，即使某些艺人名流先有后婚，但是看后续的婚姻经营情况，就可以知道这个怀孕是烂招，还是美好的惊喜。

也有许多女人，遇到的是男人在外面搞大其他女人肚子的情况，小三当然很可恶，但是你的男人更可恶！

如果这类情况是在婚后发生，处理起来复杂度会倍增，也更需要智慧。我只能说，即使原配战胜小三，也无法再尊重和信赖丈夫，就像那句经典台词："我回不去了。"其实，回不去是最好的，因为即使破镜重圆，心里的裂痕也不会消失，如果你可以彻底切割分得干净，以长远来看，才是最好的做法。

当然，很多原配咽不下这口气，无论如何也要战胜小三，但是在小三怀孕的情况下，除非小孩儿能拿掉，不然就是漫长的战役，要不要斗下去，怎么斗，这都会让你心力交瘁。所以，如果你和丈夫没有小孩儿，但是小三已经怀孕，我比较会建议你放弃，因为这个男人抢回来也没有意义，但是财产你应该争取，这是精神和青春赔偿费，也是你东山再起的基金。

我知道很多女人会觉得为了小孩儿要忍耐，等到小孩儿长大以后再离婚。这是大错特错的观念，我自己就是单亲家庭出身，很清楚父母的婚姻不和谐，对孩子的影响有多大，要说我和男人的关系会如此波折，父母离婚绝对有影响，但若他们不离婚却冷战对立，我敢说对我的负面影响，绝对是现在的一百倍。

做个总结，希望能让所有看这本书的女人，打消用怀孕来逼婚的念头。会吃怀孕逼婚这一套的男人，一种是愿意负责的好男人，但是你这样做，会破坏他对你的爱情和信任，即使他是好男人，在你把关系基础搞砸的情况下，他也可能在后续的相处中，越来越无法维持好男人的一面，而且会忍不住对其他正常（意指不会这样阴他）的女人动心。

另一种是本来就不在意老婆位置是谁的男人，这种男人讲好听是活在当下，讲难听是责任感很低，只会面对和解决当下发生的事情。既然跟你结婚可以让你闭嘴，就结婚啊，可是小孩儿出生以后，这种男人也会爱理不理，或是很爱小孩儿，但是对你冷淡没有耐心，而且他既然可以随随便便就结婚，当然也可以随随便便外遇，更可以随随便便离婚，反正他只处理眼前的事情，不会去思考这些做法的后遗症。

本书会经常提到“情感勒索”这个名词，一哭二闹三上吊和动不动就提出分手，都是属于“情感勒索”。情感勒索在人际关系中经常上演，简单地说，就是：“如果你不听话，就是不爱我。”利用对方的情感，逼他妥协让步。

我们在成长过程中，也会使用情感勒索这招，小时候勒索父母买糖果和炸鸡，长大以后勒索朋友借钱，勒索女友上床，勒索男友刷卡，甚至有的老板也会用这招勒索员工加班。我们有时候是情感勒索的受害者，有时候却是加害者。

适度的情感勒索，就像是打情骂俏，例如：不管啦，我就要穿情侣装出去逛街，你不愿意穿，就是不爱我。这种情感勒索还算是怡情可爱，但是重度情感勒索就比如发现快被抛弃时就威胁自残，或是感觉对方不如热恋期用心就威胁分手。情感勒索是标准的“把你的快乐建筑在对方的痛苦上”“把你的安全感建立在剥夺对方的自由上”，不是一个身心健全、独立自主、有强大自信的女人会做的事情，所以我从来不做这种事情，甚至会觉得丢脸得要命，在感情中，我把自尊看得比男人更重要。

而且我经常说，一个有心寻死的人，等到你发现时，已经是冰冷的尸体了。很多用伤害自己来控制伴侣的人，刚开始都是在“演戏”，没有真的要死，或许心里是痛苦得要死，但是那个痛苦也是因为对方“不听话”，而不是很爱对方，因为**真正的爱情绝对不是占有**，而是会希望和祝福对方有更好的选择。你继续看完本书，就会知道：爱情包含占有欲，但是占有欲绝对不代表爱情。

所以，会使用感情烂招的女人，其实既不爱对方，也不爱自己。这样的人，才会做出“损人不利己”的愚蠢行为。我希望本书可以教育女人，别让自己变得既可悲又愚蠢。

但是，很多人演戏演到最后，也会真的自杀成功，我把这招称为：“我要让你后悔一辈子！”哈哈，但真相是，他会伤心一阵子，但是逍遥一辈子。

为了感情自杀的人，真正能伤害到的人，只有爱你和关心你的亲友。这些真正关心你的人，都会在你做出傻事以后，口径一致地对你的行为感到悲愤，或许会帮你骂负心汉，可是又能怎样呢？再多的抱怨，再多的怒骂，都唤不回你的生命。过一阵子，活着的人就会选择淡忘痛苦的记忆，然后继续向前走，你如果觉得亲友会帮你报仇或索命，就是电影看得太多了。

我曾经和某任男友分手以后罹患抑郁症，那个时候真的每天都很想死，所以我完全可以理解，情伤以后很想结束生命的感受，而且罹患抑郁症的人，想要自杀的念头不是为了报复任何人，而是沉溺在绝望的深渊里，觉得任何事情都没有意义：好事没有意义，坏事没有意义，活着没有意义，死掉没有意义。

如果你现在心痛得要死，或是想自残去报复他，至少可以恭喜你，还没有罹患抑郁症，只是可能很接近，但是你还是个有感受的人。重度抑郁症会丧失感受能力，相信我，那种感觉比起还有力气去哭，更可怕十倍。

后来我是怎么康复的呢？我服用了半年精神科开的药，但是副作用包括反应迟钝、注意力不集中、失去对人脸的辨识能力，这些让我觉得恐慌，所以我决定戒掉药物，让自己康复，在那段罹患抑郁症的岁月里，让我不至于轻生的关键，就是我的家人。

我和家人的感情相当亲密，不是说从来不吵架，而是无论有多少纷争，我们总会言归于好。所以，我每次想要一跃而下时，除了顾虑到会死得很难看之外，就是不舍得伤害我的家人，因为我知道，这件事情绝对会成为他们的阴影。

我甚至还偷偷囤积过跟医生抱怨失眠时开给我的安眠药，打算哪天我真的累了，就全部吞下去，安详地离开人间。我很庆幸自己最后没有用到，在我完全康复以后，甚至忘记有这件事情。

某天，在一个盒子里，我发现了这些安眠药，我感谢它们提醒我，我走出来了，然后我把它们倒进马桶冲掉。在那一刻，我知道我可以是自己命运的主宰，也可以是自己情绪的指挥，我取回了正面看待人生的力量。

请不要用烂招去控制别人的人生，最终你会发现，全盘皆输的人，其实是你自己。

犯错语录

◎ 唯一的方法其实就是多谈恋爱。

◎ 这个时候生气，要把握“严肃、正经、冷漠”三个要诀。

◎ 正面情绪感性放，负面情绪理性收。

◎ 我遇到感情状况时的原则是：没有意义的事情，不做；浪费时间的事情，不做；知道会不开心的事情，不做；要做不开心的事情，就设法让自己开心地去做。

◎ 要是你对自己有信心，不需要男人给你安全感。

◎ 权力和财富，真的就是春药。

◎ 真正的爱情绝对不是占有。

◎ 请不要用烂招去控制别人的人生，最终你会发现，全盘皆输的人，其实是你自己。

错误16 这段关系还是被我搞砸了，苦苦哀求，死缠烂打，他应该会回头吧？

梦洗说：你错了，有尊严地离开和隔离，才是让男人回来的不二法门。

对于这个标题，大家不要太兴奋，以为是高考必胜班，或是以为依照我说的方法按表操作，你念念不忘的前任男人就会迷途知返。说实在的，如果你真的看懂了我文章中传达的信息，觉得自己绝对做不到，这会是最直接和正常的反应。

从事心理咨询以来，有很多女孩儿总是问我如何挽回前任。在我的博客中，这篇文章的原名是“如何让你的男人回来”，可以说是镇博之宝，上下篇点阅率合计超过七十万人次，真的是很可观，但是我反而因为“怎么有那么多女人想要挽回男人”而高兴不起来。

因为我虽然写这样的文章，但是我不会主动吃回头草（意思是说，我从来没有挽回过任何人，但是他们想回头，我有时候会答应），可以写文章分享，是因为使用本篇要教大家的方法以后，意外的有四个前男友曾经回头，他们回头不一定是有多爱我，但至少是存着想看看有没有机会的心态而回头，因此可以证明我的方法的确有效。

信不信由你，但是确实从我写博客以来，成千上万的女性都依照这套方法，进而达到使前任回头的功效。最棒的是，很多女孩儿可以很帅气地跟想复合的前任说："可是我现在不爱你了。"我觉得这个才是最让人扬眉吐气的部分啊！

其中的方法和心态，都不容易建立，也是难以实行的，但是照着做绝对是有效的，不过别会错意，那个有效是：**即使最后前任没有回到你身边，你也绝对能遇到更好的另一半。**

关于爱情拔河的提纲挈领的两大心法，在这里我先告诉大家：

"谁在乎，谁受伤。"（无所谓的一方，永远是赢家。）

"无欲则刚。"（放在感情中，我会解释为：自己可以独立自主，就不必害怕失去任何东西。）

希望大家在看以下的战略时，可以一直提醒自己这两句真知灼见。

首先，我们看看你和他是为了什么原因分手，你还想着挽回：

第一种：他偷吃或劈腿被你逮到，你愤而分手，但是后来又舍不得没有他的生活。

第二种：无论是因为价值观、成长环境还是个性差异，他觉得你们不适合而提出分手，你却觉得这些问题可以努力改善，不需要分手。

第三种：你的公主病、女王症发作，觉得他不够尽责而提出分手，没有想到他欣然同意。

第四种：在一起越来越没有感觉，你想要试试其他对象，又不想背上劈腿的恶名，因此与他分手，但是在比较以后，发现还是旧人好，因此想挽回他。

以上是我遇过的案例汇整，情节相近的都算数，我觉得女方想要挽回的几乎都不出这几种剧情。

这四种剧情里，除了“他偷吃或劈腿被你逮到，你愤而分手，但是后来又舍不得没有他的生活”很容易弄得丧权辱国之外，其他三种都不难解决。

关于剧情一的情形，可以有两种选择：第一种选择是，你要想清楚，他都这样对你了，你还要回去，无异于告诉他，你能接受他花天酒地。但是，你如果真的少不了他，就是爱他爱到无法自拔，或是你愿意以真爱跟他赌浪子回头，就要愿赌服输。既然你知道他改不掉到处留情，与其经常为此争执，搞得大家都不开心，还不如安稳地做他的避风港，睁一只眼闭一只眼凑合着过日子吧！

一般情况来说，要是原配不吵不闹，男人都会很愿意回来，因为第三者通常做久了都会想逼宫，小三想取而代之时，手段就会变得激进。那个时候，**你的风度会决定男人的取舍。**

第二种选择是，你可以留着他当作备胎，因为你舍不得离开他，可能是过渡时期心理的禁断症状，但是有更好、更珍惜你的对象出现时，甩掉他也会是很痛快的感受。所以这段时间，你要对他的拈花惹草尽量无视，心里告诉自己：“先把你顶着用，但是我值得更好的。”跟他维持轻松愉悦的互动，心里随时保持警戒，观察他的表现，并且把感情慢慢收回，同时向外界散布恢复单身的消息，与其他的可能对象试着约会。

咦？你说我没有写到，要是这个花心前男友指天赌咒发誓会痛改前非求你回去，是不是可以相信他？

因为本篇探讨的是“女方希望复合”而不是男方，所以你想想吧，他已经这样做了，你还愿意主动回去，一定是不平等条约啊！这就像老板不付你薪水，你还愿意去上班一样，你自己要犯贱，谁能挡得住？既然是你想要这段关系，而不是他想要，你当然没有筹码谈任何条件，只能摸摸鼻子默默接受。

况且，遇到剧情一的情况你还要回去，也不需要什么技巧，但是你如果希望将情势扭转成“花心前男友指天赌咒发誓会痛改前非求你回去”，就依照以下剧情二、三、四的方法做吧！

剧情二、三、四的做法，基本上大同小异，你必须做出很大的改变，但是改变的代价是：**要是他没有遇到更好的人，就会主动回来求复合。**

前提是：他离开你之后，没有遇到更好的人。因为，这也跟找工作一样，要是他甩掉你之后，遇到了比你聪明理性、个性好、脸蛋身材优、赚钱能力强的对象，他是脑袋坏掉才会回头吧？如果他后来的对象条件这么好，他还会愿意回头，我只能说他真是念旧重感情有同情心啊！

复合挽回以成功概率来说，有三个指标：

1. 当初，他对你是一见钟情，费尽心思地追求你。

2. 他很痛苦地做出分手决定，但是他实在是受不了你。

3. 你们的性生活完美无缺，只是个性不合，或是问题太多。

以上三个指标，任何一个都有加权，表示你的男人内心深处会有遗憾不舍，也提升了他以后想与你重修旧好的概率。

做法大略分为四个阶段，每个阶段所需时间依个案会不尽相同，所以你必须有耐心和信心，还有就是别灰心，这三心你要放在心里给自己打气，不要因为一时忍不住而功亏一篑。

第一阶段：有尊严地离开（第一个月）

无论你和他在分手上搅和多久，你来来去去多少回，只要你希望下一次是他主动回来求合，这一次你就要干净利落地断然离开。

所谓的断然离开，不能哭得一把鼻涕一把泪，但是可以眼角含泪，让他知道你心里也是舍不得。安静地收拾行李，不要看他有没有挽留的意思，也不要一边收拾行李一边细数回忆，这样只会让他觉得你很烦。尽快把东西收拾好，离开的时候，客气地谢谢他，给你一段美好回忆（就算你心里气到翻，也要记得谢谢他，这样很有用）。

不要像他妈妈一样，提醒他明天几点要起床、要吃饭、要洗衣服，他已经要甩掉你了，关你屁事啊！让他耳根清净，也让自己潇洒地退场。

你可以回家以后，每天哭成泪人儿，把每个认识的朋友都烦遍（要确定是信得过的朋友，否则你这种难堪行径传到他耳朵里，就会毁掉一切），但是从分手的这一刻开始，你绝对不能再以任何形式主动联系他，至少一个月，绝对，绝对不准！

重点是不能主动！但是，他要是基于愧疚打电话给你，可以接，但是也要冷淡客气，不要觉得他是想复合，如果他想复合，之前就不会提出分手。

我会这样强调，是因为很多女孩儿都是在这里破功。

回家以后，左思右想舍不得，只是想听听他的声音，或是打电话给他听到声音就挂断，请朋友帮忙打听他的近况……以上行为一概禁止！这样做不仅很无聊，还会给男人“黏糊糊、鼻涕虫”的印象。你去看看有魅力的、可以吃定男人的女人，哪一个会是感觉黏糊糊的？

使用各类通信软件联络他，当然也不可以。拜托，你是希望乖乖照做而扳回生机，还是要跟我钻文字漏洞？没有必要吧！你把关系搞砸了，痛苦和后悔的是你，所以不要玩文字游戏，**任何一种你主动去联络他的方式都是禁止的**，但是你放心，撑到他主动开始频繁联络就好，至少第一个月要坚持住。

小秘诀：离开的时候，如果情况允许，把一件值得纪念的私人物品，放在他不会立刻发现，但是有一天会看到的地方（我称之为“灰姑娘技巧”），以后他看到时，就会想起你，也是一个他想和你复合时的好借口。还有，走出大门时，注意自己的仪容，不要哭到睫毛膏都花了，或是看起来狼狈不堪，先去洗手间整理一下，让你最后的形象是美丽的，这也会成为他以后想到你就会觉得不舍而不是觉得逃过一劫的关键。

第二阶段：完全切断联系（三个月到数年，因人而异）

很多女孩儿会在这个阶段跟我谈条件，我在第一阶段也说过，要跟我讨价还价“真的不能联络吗，就连问候也不行吗”很没有意义，我不是你们想要复合的前任。据我所知，最准确和有效的方法就是“完全不要联络”，如果你要主动联系他，然后问些没有营养的问题，就算被你“缠”到复合，对方也不会觉得是捡到宝了，而是会觉得自己在做善事。

不要死缠烂打最主要的用意是：即使你引发他的同情不舍而愿意复合，可是他的心态会觉得是“施恩于你”，就算顺利复合，你也是比他矮一截，后续的相处不可能回到当初的甜蜜，你只会觉得他变得更冷淡和疏离，因为他根本不是因为真心爱你才复合，而是碍于情面才不得不妥协，所以他怎么可能更爱你？隔离的目的，就是要让他通过失去的痛苦来想念你的好，进而心甘情愿地回头，才会因为“失而复得”而更爱你。

在第一阶段，如果你潇洒地离开，会让他感到诧异，因此他主动联络你是有可能的。切记，他在刚分手时，打电话来关心你，是想知道你好不好，不是要和你复合，所以你的态度不可以欢欣雀跃，必须“客气而冷淡”地回应。

如果你们在公事上有联络需求，前述的不能主动联络就不在此限。只是你也要公事公办，应该交代的事情，交代清楚就好，私事他不问，你就不要提。

范例如下：

他：“喂，是我啦，经理叫我问你，报表是否已经完成？”

你：“请你帮我告诉他，明天会完成，谢谢。还有其他事情吗？”

他：“嗯，你这几天还好吗？只是关心一下儿。”

你：“你知道，我需要时间来调适，毕竟我是真心对你，不过现在都无所谓了。”

他：“这样啊……”（男友开始觉得，自己好像太冲动了。）

你：“总之，我不会责怪你做出这个决定。或许长远来看，对我们彼此都好，我也希望你过得好。至于我，我会振作起来，请你放心。”

他：“我真的对你很抱歉。”（稍微有良心的，已经哽咽了。）

你：“我还有事情要忙，先这样吧！”（记得声音要开朗啊！）

不管你多想念他，多想见他，有多少话想跟他说，想要问他，戒急用忍啊！

在时机成熟以前，就算他主动来电，你只能平淡而客气地回应，必须简短并且主动结束谈话（经常使用请、谢谢、对不起，客气感就会出来）。

这么做的效果，是让他知道：你已经接受分手的事实，而且开始新的生活。

每个人都犯贱，尤其男人这种生物更是犯贱（不犯贱的男人别骂我，你不犯贱很好，可是犯贱的男人很多，也是事实），男人通常要彻底地体悟到，你已经“不再属于他”，才会开始想争回。要是你分手以后一直烦他，以各种合理不合理的理由接近他，搞得自己像跟踪狂一样依然存在于他的周围，他甚至没有时间去体会失去你以后的生活有何不同，又怎么会想要跟你复合？

所以，彻底断绝联系，就显得非常重要，之前你们越是浓情蜜意，他越是会不习惯。他在生活上，越是依赖你的照顾，越是会发现你的不可替代。你就算曾经任性不懂事、不体谅他，但是成熟面对分手不纠缠的行为，又会让他怀念你可爱的一面。

男人这种生物，在失去以后，会自动把脑海中的恶劣记忆用美好记忆来替换，但前提是：你不能在他身边烦他，烦到他胃口尽失。

了解吗？不主动联系，让他有时间怀念你，让你和他无论有什么不愉快，都不会继续恶化，让他因为你的无法接近而开始想要靠近。

小秘诀：虽然不主动联络他，但是有很多技巧可以让他知道你的近况，微博、微信或是通信软件的近况发布，就是很好的方式，但是不要刻意发表“最近很多追求者，好烦哟”这种刺激他的宣告。聪明的你，应该用“这个星期要去曼谷，哦耶”（让他知道你要出国玩，但是不知道跟谁去，他会好奇）或是“如果不是通过可爱的某人介绍，我还不知道摇滚乐这么棒”（他一定会想，谁是那个可爱的某人，谁让你对摇滚乐产生兴趣），还有让他摸不透的发言，例如，“人生总是会面临难以取舍的选择”（他会想，你是什么难以取舍）。总之，这些发言运用得当，会引起他无限的好奇心，想要一探究竟，也会想知道分手以后，你的生活有什么不同？

至于他的近况，那个不是重点！你不要经常去注意他的近况，因为你会开始胡思乱想，这样一点儿都不酷，而且被他知道你这么关心他，他就会觉得你还是很爱他，进而不觉得你有挑战性，不害怕会失去你。

第三阶段：恢复友谊互动，维持适度神秘（此阶段运用得当，复合时间越会缩短，三个月到数年不等）

在第二阶段，要你“完全采取被动”，你和他的所有联系，除了公事以外，或是必须联系的事情（例如，债务牵扯），都要是他先主动，因为他的主动表示心甘情愿。

再强调一个重点，不管你对他提出分手有多难过或不爽，你还是要客气有礼貌地、温和地回应。想想看，他提出分手已经自知理亏，还敢来联系你，也算是勇气不小（除非他天生没有心眼儿）。这个时候，要是你凶回去或是讽刺他，无疑是彻底切断你和他的复合之路。因为你们已经分手，他没有责任要去哄你，你的负面回应只会让他自讨没趣，他的立即反应就是再也不会找你。

所以，**切记！切记！就算你恨到想把他剥皮，也要等到复合以后慢慢剥。**复合之前，你就算假装，也要装得你已经逐渐在调适，你已经慢慢走出伤痛，你现在过得很好，一定要呈现出很正面的形象。

这个阶段的假装没有事，跟前男友闲聊近况，要如何进展到最终阶段——复合呢？

第三阶段与前任的相处诀窍，请大家谨记在心：

1. 基本上，你还是要被动地让他约，偶尔可以主动，尺度是可以有言语暧昧，但是在他承认复合以前，绝对不能发生关系，不然成了备胎，就前功尽弃了。

2. 要是他问些有没有人追你之类试探的话，标准回答是：“有几个不错的追求者，但是都还在观察中，你知道我现在会考虑得比较多。”

3. 神秘，神秘，神秘，女人最大的魅力，就是在于神秘感。他问你任何事情，你不能再像当初交往时掏心掏肺，就算你们曾经同居十年，他连你的生理期也知道，你还是要制造出距离感让他不适应，他才会感到好奇，想恢复当初的亲密。**神秘感不难营造，话说得越少越好**，有时候可以若有所思，或是心不在焉，让他多说自己的事情，你就能掌握更多分手以后他的近况，当一个好听众，男人就会更爱你。

举个例子：

他：“你上次去曼谷玩，也不跟我说，我那阵子也想去。”

你：“是临时决定的，有个朋友要帮我出旅行团费，我就去啦！”

他：“哇！谁那么好心啊？还帮你出团费？”（他很在意那个人是谁。）

你：“最近认识的人，是一个很好的朋友。我一直说不要帮我出，他就是不愿意，害我觉得很为难，说不定要付出代价？哈哈！”（你要故意说得很暧昧，让他吃醋，可是不承认这个人是交往对象还是追求者，这样才高明啊！）

他：“这个家伙是男的吧？他是要追你吧，不然怎么可能帮你出团费？”

你：“**是吗？你这样觉得吗？可是我觉得不是吧，他只是把我当作妹妹啦！**”（你越是不当回事，他越会觉得这个家伙就是要追你，你还傻傻地不知道。这个时候，他的占有欲就会被激发！）

他：“**反正，你小心一点儿，要是不喜欢他，就不要乱放电。**”（他已经开始吃醋。）

你：“**我觉得你想太多了，我真的不觉得他在追我，但是最近经常和他聊天……好啦，先这样，我要去忙了，拜！**”（你一定要主动结束谈话，而且是在愉快的气氛下。）

类似的谈话，要是能导引出他经常借故打电话给你，或是约你见面，就是第三阶段成功进行的指标。

4. 见面时的态度，要如何拿捏？首先，任何与感情相关的话题，你都不应该主动提起，尤其是关于他有没有新对象，除非他主动提起这个话题，不然请你聊其他话题。不管他问你什么问题，你都要含糊回应，并且微笑着把问题丢回给他，可以天南地北地聊天，但是不要触及是否要复合，以及当初分手的经过这种地雷。最重要的是：在愉快的气氛下，结束会面。

5. 你的心态绝对不能操之过急，不要以为他会主动约你就是有意复合，更不要觉得他暧昧的言语是在暗示什么。他刚跟你分手，不管你是多好的女友，对他来说，他已经“重获自由”，哪有立刻想回头的道理？给他时间慢慢考虑，你自己要更有耐心，放轻松一点儿，要这样想：你不回头，是你的损失，不是我的。

由于第三阶段是迈向复合成功最难熬的时期，很多女孩儿不知道尽头是否有光明，煎熬之余，不禁都有一个疑问：要是这段时间他交了新女友怎么办?

我的回答是:“不怎么办。你应该继续维持我们的战略。”

告诉你为什么：

1. 他的确有可能交了新女友，但是也有可能交了又分手，所以你跟他维持友谊般地互动，不会给他造成压力，要是新女友不喜欢你跟他有友谊互动，这样更好，因为新女友一闹，就会成为他的压力源，两相比较之下，他会觉得你很懂事。

2. 要是他交了新女友，两个人天作之合，他幸福到完全忘记你的存在，并且开始筹备婚礼，请你忍住心痛祝福他，但是不必大度到送礼贺喜。女人都希望自己是另一半最爱的人，难道你真的宁愿拆散他与他的最爱也要夺回他？省省吧！遇到这种情况，你就要告诉自己：“我不是他的最爱，但一定是另一个男人的最爱。”

3. 请不要做出干扰他认识新对象的行为，或是逼他几年以内不可以交女友，就算他答应你，也是因为当时觉得你很烦，先答应你换耳根清净，不是真的就不交，遇到喜欢的对象，他还是会扑上去啊！

说难听一点儿，你们已经分手了，男婚女嫁各不相干，他如果神经粗到会主动跟你招认，最近认识不错的女孩儿想要发展看看，你也只能回答说:“哦，是吗？我看你最近心情不错，原来有对象啦！看来，我也要加把劲，呵呵！”拜托，你心里再想哭，也要留到回家再哭，在他面前要表现得轻松自在。

总之，你一定要有风度，因为未来很难说，很多男人就是在比较以后，觉得旧爱最美才会回头，所以不必做出无谓的举动，是你的终究会回来的！

我有某个前任是分合了两次，后来他结婚又离婚以后，又跟我第三次复合，但是我觉得和他做朋友最开心，所以后来还是分手了，但是在我结婚以后，跟他还是朋友哦，看吧，人生就是这么难以预料。

小秘诀：第三阶段要维持平常心是最困难的，如果可以，我希望大家在这个阶段可以把前任视作“比普通朋友再好一点儿的朋友”来对待，因为你冷他就会热，你保持距离他就会想接近，你没有期望而是随遇而安，他的反应就不会让你患得患失，等到他已经按捺不住，你再提出复合要求，才会水到渠成。

要知道，**破镜即使重圆，还是会有裂痕。为了不再重蹈覆辙，你必须展现出“情绪稳定、有原则、不置可否”的状态，直到进入复合谈判。**

此外提醒大家，请你不要因为失恋而骤然暴肥或是疏于保养。你依然光鲜靓丽，是促使他回头的主要诱因，至少我的每个前任回头以后，都没有被我吓跑，还是会想占便宜。女人不管几岁，如果放任自己成为黄脸婆，就没有男人会喜欢。

第四阶段：复合谈判的艺术（一天到一个月以内搞定）

首先，恭喜所有坚持到这里的女孩儿，可以走到这一步，真的非常不容易。

关于复合谈判的基准，就是要看前任对你“毛手毛脚”的程度而定，不管他那个时候身边有没有新女友，只要他开始行为不检，你就要正颜厉色地表明立场。

先跟大家剖析一下，进入复合谈判以前，你跟前任应该会有的模式：

因为前些日子以来，你们的互动很愉快，除了友谊以外，还有额外的亲密与熟悉，虽然他没有认真想过复合，但是已经开始怀念你们在一起的感觉，何况你就像当年一样，还是那么娇俏迷人，又增添了难以言喻的神秘感。随着你们的互动联系增加，他从言语上的打情骂俏，变成会不经意地碰触拥抱，看电影、过马路时，会牵住你的手，开口邀约更多的单独相处。终于，某一天送你回家时，他在你下车以前，忍不住拉住你，想要来个深情的拥吻……

停！我不是在拍偶像剧，但上述剧情在很多旧情人中是不断发生的。问题是：那些女主角没有及时喊停，也没有谨守原则和底线，因此跟前任不仅没有复合，还成为他孤单寂寞时最好的备胎。但是，在男人被情欲冲昏头脑、丧失理性时，我们不能跟着沦陷，不想被回收再利用，就要把握时机提出要求，走向复合之路。

要是你们这段时间互动良好，但是他对你没有渴望进一步的肢体接触，很显然就是他跟别人有肢体接触，或是他真的觉得跟你仅止于朋友，因此他有没有想碰你，就是一个重大指标。

如果以前你们交往时，他就是性趣缺缺，我在此严重怀疑你是他真实性向的幌子，或是他对别人有性趣，但是对你就是没有。无论是何时，一对情侣就算累到没有力气办事，连基本的亲吻和拥抱都省略了，感情一定会出现问题。要是你们如此相敬如宾，我也不建议复合。拥抱和亲吻还可以增加人类的抵抗力和分泌脑啡，因此感情好的伴侣，一定少不了肢体接触。

最后阶段从他“太过分”的行为出现时，你就要立刻制止，但是不要反应过度，给他一巴掌或是过肩摔，牵手还在容许范围，十指紧扣也是他渴望你的信号，否则请你装作宽容地微笑着把他不规矩的手挪开，严肃而正经地说：“我们现在只是朋友，最好不要这样。”

他要是嬉皮笑脸地说：“干吗突然这么严肃？”你就要面带微笑地再次强调：“我只是不喜欢关系弄得不清不楚。”（点到为止就好，不要威胁他说要上床就得复合，男人听到这种话，就会很不爽。）

识趣的男人此时就会踩刹车，并且内心暗暗地为你的谨守分寸感到敬佩。这样不仅会让他对你们分手以后的交往状态放心（他会觉得你没有很随便），也会开始不把你当作可能的备胎人选（他知道要想再次跟你亲密，就要付出代价）。

之后，他或许会因为吃到闭门羹，进而暂时失去联系，但是他其实心里正在评估跟你复合的意愿，因此你要有耐心，不要在家跟白痴一样，后悔说早知道那天就跟他上床，如果真的上床，你就会后悔的！你放心，过一阵子，他就会有动作。

终于，最后谈判的时机来了，对于到口的肉，男人总是会念念不忘，因此他应该还会尝试单独约你，地点或许是他家，或许是阴暗的场所，或许会找你看夜景，反正就是他觉得“方便亲热”的场合。你可以答应邀约，并且展现出最美好的形象，要是他带你去旅馆或泡温泉汤，你就要立刻拒绝。这个时候，即使冒着让场面僵掉的危险，你也要掉头就走，不然他不会尊重你。

别放弃，真正的硬仗正要开始哦！

趁着某次约会，灯光美，气氛佳，一切尽在不言中的时候，你可以开放底线到亲吻，亲吻以后，他就会想要一举进攻本垒。那个时候，你就要做一些煞风景的事情（这就是为何不能去旅馆或泡温泉汤，因为很难脱身）。

浓情蜜意地亲吻以后，他打算更进一步，你就要直接拒绝说：“等一下！不可以！”

他一定会不解，已经亲吻了，还矜持个屁？这个时候，你就要说：“听着，我知道这阵子我们在一起的感觉很好，但要是发生关系，我和你就不是朋友了！”

然后，你要明白表述你的立场，也给他选择的权利：“我们可以继续当朋友，或是再试着交往看看，朋友不可以上床，这是我的底线，男女朋友才可以上床吧？这很合理啊！”

总之，你要让他了解到，要想和你有情侣般的互动，就要名正言顺才可以。

之后，客气而坚定地请他送你回家，在门口给他一个吻，再次提醒道：“你想想要当朋友还是复合吧，我等你找我。”然后立刻进门，不要依依不舍。

大家知道最后关头的谈判艺术和技巧在哪里吗?

首先，男人不喜欢被控制、逼迫或要挟，因此不能用摊牌的方式，一翻两瞪眼地要他立刻做出决定，例如，“除非我们复合，不然我不准你这样对我！”“你这样做，是想占我便宜还是要复合？”“你不要这样，我们已经分手了！”这类让他听到就冷却的台词必须一律避免，真的不知道应该说什么，你就说:“这样不好，不可以，我说真的，请你不要这样。”抗拒到底就对啦!

在“公认”你们复合之前，请守好你的四行仓库（三角内裤)。

如何“让复合进行到底”呢?

上次你坚决不从以后，只有两个结果：一个是他会来找你，一个是他不会来找你。

如果他不会来找你，你也要有心理准备，这证明他只想把你当作备胎，这种男人不要也罢，失去你是他的损失。

要是他还会来找你，其实他的意愿已经八九不离十了。见面以后，你一定要问他，是不是想要复合？他的回答，可能不会让你觉得很舒服，有可能是“我还是很习惯和你在一起”，或是“我觉得或许这样也不错”。

不要因此生气，会说“我这几天思考过，我最爱的还是你”的人，是偶像剧中的男主角，而不是现实生活中的他。一般男人这样说，就表示想跟你复合啦!

但是，你还要做一个动作，让复合成为公认事实，却不能让他有被你设计的感觉，这个动作可以是：

“前几天，我妈／主管／阿姨／好友说，要帮我介绍男朋友／相亲，我可以跟他们说，我已经跟你和好，来回绝这件事情吗？因为，她们一直要帮我介绍，让我很困扰。”

也就是说，你没有逼他。

但是，你总要有个正当理由去推掉追求者，这样很合理。

如果没有意外，他会顺水推舟说：“哦？有这样的事情啊？好吧，你就说我们已经复合了。”

大功告成，老爷夫人，可喜可贺。

小秘诀：不要因为成功复合的欢喜，让你把所有事情都忘记。上次分手的问题若是没有解决，旧事重演只是时间早晚哦！复合以后，我建议你一切归零，不要翻旧账，但是大原则要及早拟定，并且约定双方可以为了经营关系而配合。

大原则可以根据之前分手的原因来订定，但是最多三项，如果太多，你就是妻管严。

举例：

之前他去哪里从来不报备——“为了你的安全，以及让我安心，你要去哪里都可以，只要让我知道就好，我答应不会生气。”

之前两个人有问题都闷着不说——“要是说不出口，就写在共同的网络日志里，或是用便条传话。”

之前每次吵架就会冷战——“不管多不愉快，当天分开以前，都要向对方道歉，并且拥抱。”

诸如此类，可以针对之前经常争吵的事情，讨论出双方都能接受的解决方案。

你要想想，你花费多少工夫，他付出多少决心，两个人又决定给彼此机会走下去，所以不要轻言放弃，要寻找两个人都可以接受的配合方式。

另一方面来说，很多女孩儿因为好不容易复合，又过于谨慎恐惧，一点点状况就要跟男友沟通讨论，这样又是矫枉过正。可以自在相处的伴侣，才可以走得长久，因此大原则守住，小地方得过且过，不要给自己和对方太多不必要的压力。

我始终认为，大多数时间都轻松愉快，这段关系才可以长久维持。

但是，努力以后如果还是不适合，请大家也要有走开的勇气！

犯错语录

◎ 即使最后前任没有回到你身边，你也绝对能遇到更好的另一半。

◎ 无欲则刚。

◎ 你的风度会决定男人的取舍。

◎ 要是他没有遇到更好的人，就会主动回来求复合。

◎ 任何一种你主动去联络他的方式都是禁止的。

◎ 男人这种生物，在失去以后，会自动把脑海中的恶劣记忆用美好记忆来替换。

◎ 切记！切记！就算你恨到想把他剥皮，也要等到复合以后慢慢剥。

◎ 神秘感不难营造，话说得越少越好。

◎ 破镜即使重圆，还是会有裂痕。为了不再重蹈覆辙，你必须展现出“情绪稳定、有原则、不置可否”的状态，直到进入复合谈判。

错误17 为什么有的女人自己也被背叛过，后来却去当第三者？是犯贱吗？

梦洗说：你错了，爱情的模样千变万化，道德标准是留给自己的而不是用来约束别人的。

有一个网友，问到关于“掠夺爱”的问题：

老师，我想请问您的看法，有些人认为婚前人人平等，所以抢别人对象的人，做第三者的人，有的认为只是争取自己的爱情；另一派当然是觉得，知道对方有交往对象还要介入的人是不道德的。请问老师对于争取自己的爱情或是破坏别人的界限要如何定义？谢谢。

我面对事情时，很少使用二分法，因为人生的所有情况，本来就是甲之砒霜、乙之蜜糖，有人倒霉就有人获益，坏的事情从另一面来看，也有好的用意，“塞翁失马，焉知非福”套用到任何境遇上，其实放诸四海皆准。

任何事情只要你愿意去找，总能找得到正面的意义，甚至包括人类历史上的巨大浩劫，在更高的意志下，可能是一个淘汰的过程，或是一个警告的宣示。

会以这样的引言开场，是因为人生的大部分问题都跟眼界有关，有句话说得好："生命的价值，不是在于长度，而是在于宽度。"只关注长度的生命是愚昧的，当你的眼睛只看得到鼻子下的世界，眼前的难关你当然过不去，因为你没有从整个生命的宽度去看这个难关，眼前的利益会让你沾沾自喜，因为你看不到利益背后要付出的代价。

"掠夺爱"，究其根底，只是被掠夺的人，或是掠夺其爱的人，到底有没有看到这件事情在自己整个人生里的比重和意义是什么？

除去初恋被耍不论，我自己不喜欢掠夺爱，不是我有很高的道德操守，只是一来我觉得去跟人抢很不优雅，二来因为那样很麻烦。

麻烦的地方是：**既然要介入一对情侣之间，你势必从介入的那一刻，就要把两个人的问题同时揽到自己身上。**人生这么漫长，自己的问题都解决不完，还要搅进两个人的人生里，让原本复杂的爱情增添更多变量，不必这样吧？

但还是有许多红尘男女，完全没有意识到这是给自己找麻烦，反而认为无比刺激，兴奋地投入三角或是多角关系中。除非是抱着玩玩或是恶作剧心态的第三者（就是想证明自己的魅力而抢抢看），能够在搅进去以后，完全不当回事地置身事外，将所有问题都丢给当事人解决，否则只要第三者最后不小心动真情，很抱歉，从此他们的问题就会变成你的问题。

还有一种是不知不觉地成为第三者，诡异的是，要是外遇者掩饰得够好，很可能第三者从头到尾都能在不知情的情况下，感情就开始又结束了。这类例子不胜枚举，美国有个妇人已经结婚五年，要不是老公突然失踪，她还不知道老公在另外三个州各有一个老婆，目标是一州一个。

婚前人人平等？**现实人生里，只有在死亡面前才会人人平等。**如果我们勉强要以婚前和婚后作为判断基准，我会说那是概率问题，因为未婚的人不代表他没有等同于配偶和交往多年的对象（例如，最近才承认已婚的刘天王），一个已婚的人也不代表那个配偶是千挑万选和至死不渝的结合，说不定他只是被长辈逼急了，就找个身边还算顺眼的“夹来配”，说不定是为了家族利益的策略联姻，说不定是为了换取居留权。这样的婚姻质量相当可疑，被相见恨晚的第三者介入以后，有的离婚以换取自由，有的留着名存实亡的婚姻，有的直接另组家庭。

爱情本来就不是结婚唯一的动机，**现代人的感情观，讲好听点儿是自由，讲难听点儿是随便。**结了婚就不能离婚吗？只要老娘或是老子高兴，不爽就离，高兴就结，可不可以？可以啊！有些人不会嫌麻烦，一辈子结婚离婚玩不腻，但这是他们的自由，只要他们摆得平前后任的交接，他们喜欢怎样，他们就可以怎样。

若是掠夺者以为对方未婚就比较轻松容易，或是已婚困难度就比较高，其实未必如此。拆散成功以后，若对方未婚就是优胜劣败，对方已婚就是罪大恶极，同样也是未必。哪有什么偷十元不是偷，偷一千元才是偷的道理？要是掠夺者很清楚自己的作为会伤害到无辜的人，就要承认自己的确有造成伤害，不要说未婚伤害比较轻和已婚伤害比较重的那套，老老实实地跟原配道歉，总比趾高气扬地摆出胜利者姿态更有良知吧？

何况以宇宙法则来说，我们造过的业，会全部回到自己身上，只是不一定以我们认为的方式显现。

讲到这里，应该有人会觉得我废话连篇，这个也未必，那个也未必。人生本来就是各种排列组合都会发生，所以发生的事情不重要，你用什么心态去面对才比较重要。

举个例子，以一般认为受伤最深的原配来说（抱歉，以下都以男方出轨为基础论述，毕竟我的读者多为女性），结婚以前发生这种事情，朋友会安慰她，幸好在结婚以前就认清楚了对方。对已婚的人来说，朋友会安慰她，幸好发现得早，还没有生小孩儿。对已婚还有小孩儿的人来说，朋友会劝她，睁一只眼闭一只眼，毕竟小孩儿都有了，何况男人都爱玩，总是会回来的。

另一种朋友会劝她，还是离婚吧，长痛不如短痛，小孩儿与其在没有爱情的家庭中扭曲地成长，还不如在单亲的环境下获得健全的关怀。我也是单亲家庭出身，**小孩儿健不健全，真的只跟关怀和教养有关，跟是不是双亲家庭无关。**

但是，以上的安慰听在原配的耳中，可以接受逆耳忠言的人有多少？每个受害者都会理所当然地认为，要是第三者不搅局，婚姻必定会天长地久、幸福美满（这是哪里来的自信）。事实上也有许多原配，会感谢第三者把那个不长进的男人抢去，让自己现在不仅有事业，也没有了牵挂，还可以交个小自己十岁的男友。至于婚姻，这些大老婆们认为，好不容易“托狐狸精之福”从泥沼中爬出来，暂时没有再跳下去的勇气。

也有更多的原配比不长进的前夫更不长进，分手N年以后，还可以把自己的不幸全部归咎于当年的背叛伤害，殊不知当年离婚以后，两个负心人不久也离婚又再婚，各自都不知道翻过几回，只有你还困在陈年旧事里。

在第三者中，最高明的就是：很清楚自己是对方的过客，对方是自己的娱乐，因此对大老婆之位毫无觊觎之心，毕竟短暂的欢愉过后，就要赔上青春去侍奉公婆，赔上身材去传宗接代，赔上心力去分担经济，聪明的狐狸精比任何投资客都更会精打细算，占尽男人温柔的一面，挥霍他剩余的精力，让他看到的自己，都是精心打扮、熏香沐浴的美人。

这样的第三者，不用柴米油盐，不需三从四德，还会在男人老婆的生日时提醒他：“别忘记她生日！不知道送什么？我帮你挑好了，包你老婆满意！”你说聪不聪明？贴不贴心？这个类型的女人通常离过婚，不然就是被刻骨铭心的恋情伤透了，也麻木了，很清楚男人是怎么回事，因此**她只愿意开心享受，不愿意真心拖累。**

会把自己赔进去的第三者都是太嫩了，嫩到看不清楚无论已婚未婚，男人对女人的爱在他劈腿开始就已经不完整，只要他不是毫无负累地跟你交往，他就还有一丝半缕留在原配那里。没有感情？或许吧，但是他对你的感情也未必有多深。有责任？大概吧，所以他对你什么责任都不必负吗？压力大？或许是，等到两边都逼他做个了断，他才知道什么是压力！

掠夺是为了真爱？科学家已经证实，恋爱能刺激内分泌产生幸福感，但是最多也只能撑两年。能长久相处的伴侣，其爱情成分会从初期的激情迷恋、占有欲居多，变成后来的感情信任、熟悉感居多。因为激情不是常态，就连婚外情只要交往很久，激情也是会淡化。很多原配和第三者苦撑着不愿意放手，到最后已经不是为了爱，是为了不甘心，是为了争一口气。

我遇见过一个真实案例，男女双方在婚外情初期只是玩玩，但是没有想到男方妻子发现以后，到第三者公司找茬，让第三者颜面尽失还丢掉了饭碗，原本打算见好就收的第三者气不过，决定拼死都要把这个男人抢过来。

后来，第三者使尽手段，男人离婚了，两个人也如愿结婚，但是婚后没有感情基础的他们更是渐行渐远，最后干脆各玩各的，可是她为了面子和尊严，嫁过去以后，帮着男人养他和前妻的孩子，照顾公婆，里外打点得不落人口实，一直撑着整个家，直到男人过世。她为了当年的争一口气，到现在还扛着全家的生计。

是不是何苦来哉？第三者做成这样，实在是鞠躬尽瘁死而后已啊！有多少女人介入别人感情时，看得到最后的结局？有多少原配面临掠夺者的威胁时，看得到若自己还是希望保全婚姻，不动声色或许才是明智之举？有多少女人看得见，那个隐瞒你已婚事实，最后发现使君有妇的他，仅仅是这个隐瞒的行为，已经证明他不是值得托付的对象？

又有多少女人发现另一半背着你出轨时，能够领悟到：发生一次是意外，两次是放纵，三次以上表示他完全不考虑你的感受，而且丝毫不认为你会离开，因为**只有彻底地不在乎及瞧不起，男人才会明知错误而一错再错。**

泼了这么多冷水，是因为争取自己的爱情或是破坏别人幸福的界限，在我看来，要是你绝对不会后悔，对于结局无论如何都愿意承受，旁人茶余饭后批评几句又会如何？日子是你在过，值不值得你最清楚，不想尝苦果就不要当掠夺者，要掠夺爱情就必须承受所有风险，包括：扶正以前的煎熬，修成正果后的解脱，扶正以后战战兢兢只怕旧事重演的原配生涯，当然也有可能到最后一切成空。

被掠夺的原配也是一样，要是不愿意放弃，自己心里也要有数，这段关系可能就是个空壳，等下去或许能等到他腻了倦了，但是自己也乏了累了，这个投资回报率真的划算吗？甚至，或许你早就不爱这个男人了，也觉得食之无味、弃之可惜，但就是第三者的掠夺，让你又意识到他的重要性，宣示主权已经大过实质意义。

无论你是掠夺者还是被掠夺的原配，其实都同时是在争取爱情和破坏爱情啊！当你争取自己的爱情时，是不是就会破坏别人的幸福？法律或许能规范先来后到，但是上有政策下有对策，执着在虚幻中不肯放下，到底是成就自己还是伤害自己？

很多原配为何后来自己反而成为掠夺者，可能是在潜意识运作里，想要求取内心平衡；可能是再也不相信爱情，只是在游戏人间；

可能单纯地只是需要男人照顾，名分无所谓……但是，我认为还有一种解释，就是想通过这样的过程去原谅伤害自己的人，若是自己也做出类似的事情，有时候反而能够理解，当初为何他要这样对待自己。

每个人都应该依照自己而定，不要随着旁人起舞，但是方向应该是光明磊落、真诚待人、诚实地面对自己，以及尽量以善意为出发点行事。

从这个方向来说，有对象的男人要追求我，我会请他先把前一段关系处理干净再谈。要是他假意处理干净，其实隐瞒前任跟我交往，没有穿帮算他厉害，穿帮以后我会立刻离开，如果有必要，也会跟他前任说明，我不知道他们没有分手，我很抱歉无意介入。

要是那个时候已经爱得很深无法割舍呢？我只能说，爱自己的行为是尊重自己，坚持自己的原则才会得到尊重，要是你永远把自己摆在第一位，你就会发现：痛归痛，不舍归不舍，咬牙把不适合的东西抛掉，一定会有更好的替补进来，因为你会从每次的淘汰替换过程中，越来越清楚自己要什么。

犯错语录

◎ 既然要介入一对情侣之间，你势必从介入的那一刻，就要把两个人的问题同时揽到自己身上。

◎ 现实人生里，只有在死亡面前才会人人平等。

◎ 现代人的感情观，讲好听点儿是自由，讲难听点儿是随便。

◎ 小孩儿健不健全，真的只跟关怀和教养有关，跟是不是双亲家庭无关。

◎ 她只愿意开心享受，不愿意真心拖累。

◎ 只有彻底地不在乎及瞧不起，男人才会明知错误而一错再错。

错误18 谈恋爱不就是要尽情地做自己吗？能够接受我的本性才是真爱吧？

梦洗说：你错了，做自己也不能伤害伴侣，猛踩感情地雷就是在找死。

以下是某位网友在我的博客中的留言，非常经典，里面犯的错误，虽然不能说罄竹难书，却也令人摇头叹息。我根据这篇留言，引申出女人经常踩的十大地雷，请大家看完本文以后，可以戒之慎之，若是踩到地雷，可别来我这里哭诉，因为跟你说过不能这样，你还要这样，不是你不受教，就是我的表达能力差，但是以我的博客点阅率来看，问题应该不是出在我的表达能力很差，所以只能怪你自己不受教，学生如果不受教，即使有天下第一等名师，也是白费工夫。

十大地雷中，有的是观念，有的是行为，我在其他文章里也曾讲到过，观念就是内功心法，行为就是招数技巧，必须两者兼备，你才可以成为武林高手。

网友留言部分是楷体，我的分析建议是明体：

老师，看过你的很多文章，但是我不知道如何是好，大错已经铸成，但是我真的很想复合。

这是我的故事，有些长，但是有起伏，请耐心地看到后面。

我跟他交往了大约一年，他对我一见钟情，从我前任男友身边（当时我们已经有问题）把我抢了过来。

当初，他付出很多心血来追我，我们是做空服员的，他白天和晚上都在机场接我下班，买机票跟我飞，调班跟我飞，最后我答应了。

但是刚开始的时候，我的前一段感情还没有处理好，虽然告诉他不会回头找前任，但是情感上还是控制不好，让他经常落泪，但是他也很大方地说爱我，我想怎样做都可以，还说当我的备胎也可以。

地雷一（观念）：**男人最爱一个女人是什么时候？就是还没有完全得到及掌握她的时候。**这个部分是人性，所以不必跟我唱反调，人性本来就是还没有确认能否得到时会燃烧最大激情，而一旦得到，激情只会开始走下坡，但是走下坡也不是不好，只是男人的激情开始减退时，女人必须更淡定，而不是一直计较抗议说："我觉得你以前比较爱我"，"我觉得你以前比较关心我"。这样做，男人会越来越厌烦你，进而开始逃避，想要远离你，所以当男人慢慢降温时，聪明女人的做法是让自己忙碌于其他目标，忙到没有时间去在乎和计较他"以前比较热情”，通常**你越是不逼迫男人燃烧热情，越是不当一回事地淡定，男人越会因为你的不慌乱及能把持得住的态度而对你刮目相看。**

我们刚开始交往是不平衡的，他尽全力对我好，我因为前一段感情受到创伤，更注重保护自己，没有好好地爱他，没有顾虑他的感受，也觉得他不是我喜欢的那种有上进心的男人，其实知道他是可造之才，想推动他，可能也给了他很大压力。

地雷二（观念）：一朝被蛇咬，十年怕井绳，每个人都会因为过去的创伤而对后续的感情持保留态度，这一点男女皆然，但是不应该把以前的感情创伤经验投射和模拟到之后的对象身上。例如，认为同一个星座的男人都会花心（虽然某些星座的确是劈腿大王，但是天底下没有百分之百确定的事情），或是觉得男人都是那副德行。

可能男性读者会觉得梦洗老师就是专门在教女人了解男人都是那副德行，可是这不是我的真正用意，只是有那副德行的男人的确很多，就像不能因为不常下雨，所以店家干脆不卖雨伞，要是哪天下雨不就惨啦？

其实应该说，就像是你吃寿司拉肚子，正确做法是：以后远离那家店，不要吃那家店的寿司。绝对不可能是以后再也不吃寿司，或是每次吃寿司以前，先恐吓老板说：“老板，我以前吃寿司拉肚子，所以我要警告你，要是在你的店吃寿司害我拉肚子，你就等着被告吧！”

这不是做人的道理啊！做人要对未来有信心，要是对未来没有信心，对你有什么好处？只是活得更痛苦、更忧虑、更悲观。但是痛苦、忧虑、悲观，难道你很享受吗？我自己觉得，必须活得很开心，人生才值得。

人活着没有不想要喜悦平静的，让自己建立足够的安全感，无论身边的人怎样来来去去，你知道自己能活得很好，而且还需要自己会照顾自己，自己就是最大的盟友，这样就够了。安全感从来都不是外力能够给予的，感情这种东西本来就是难以捉摸的，跟云雾一样，不应该去捕捉它，而应置身其中。当云雾（感情）包围时，接受它的来临；当云雾（感情）飘离时，接受它的离开。越是不强求感情的人，越可以获得最大的安全感，我被劈腿了起码五次都可以学会，你们也可以做得到。

每段新的感情，聪明女人都应该做到不比较，不要比较好，也不要比较坏，既然跟新对象开始交往，就应该抛弃所有成见和伤害，带着归零的心情去交往，才是尊重自己及对方的成熟态度。

要是放不下旧感情的人是他呢？不是我说你，你蹚这个浑水干吗？这个时候，就要跟对方说，你知道他心里很痛，可是你没有义务帮他疗伤或是成为替代品，请他走出阴霾以后再联络，然后不要理他，赶快投入单身市场，青春不等人啊！

此外，他是话少的人，心里的话藏得很深，我无法知道他在想什么。因此我缺乏安全感，害怕自己真的爱上他，心灰意冷时又会说要分开。每一次，他都坚持不要分手。

但是，他只会在我提出分手时，才会说出自己的想法，结果我多次提出分手。我知道错了，我不是一个称职的女友。

我们也有很开心的回忆，一起到外地吃喝玩乐。但是，随着我们的相处问题加重，他累了，感觉他开始冷淡。

结果，在最后一次提出分手的时候，他答应了，我立刻挽回，跑到他家，我说，我刚从长途航班回来，而且已经生病几个星期，真的无法控制自己，我只想他哄我，没有想到他会答应，我知道我吓坏了他，后来无论我怎么说，他都坚持要分手。

地雷三（行为）：你们绝对不知道，有多少人（尤其是女人）喜欢动不动提出分手，把它当作是情感勒索的筹码（用意不过是要男人哄她）。我自己比较“幸运”，因为我的前任几乎都是只要提出分手就会说“好啊”的性格男人，没有一个人愿意哄我，所以我被吓到不敢乱讲，因为有几个真的是提出分手就分，毫不留情，可能他们没有很爱我，但是我个性很乐观，就会觉得既然没有很爱我，分手也好，以免浪费时间，真的很乐观吧？

女人啊女人，不要以为“狼来了”的故事是假的，总是说狼来了，最后真的狼来了，也没有人来救你。我可以跟你保证，以我的专业、良心、信誉作为担保，没有一个男人是你三番两次提出分手，他还可以毫无厌烦地哄你，除非你养他，他靠你吃饭，只能死皮赖脸地讨好你，但是正常健全、不缺女人爱的男人，没有几个能够忍受女人总是把分手挂在嘴边。既然你这么想分手，宇宙必定会实现你的愿望。

很多女人会觉得自己找男人麻烦，是因为“他真的不对劲”，有时候的确是这样，但是更多时候是你“疑心生暗鬼”，要想在感情里找麻烦，怎么会找不到？欲加之罪，何患无辞啊！

而且，这个行为最讽刺的部分是：**如果男人真的爱你，才会被你三番两次提出分手的行为伤害到心灰意冷。**因为不爱你的男人理都不理你，哄都不哄你，不爱你的男人会在你提出分手时说：“哦，好啊！”他们也会在你想复合时说：“哦，可以啊！”这表示你的来和去，其实都没有动摇到他，但是真正会被你伤害的，正是爱你的那个人。这种把戏搞多了，真正爱你的男人会这样想，“我没有能力给她幸福，达到她的期望”，以及“做得再多，她还是不了解，我好累”，因此渐渐灰心远离。

隔天，我们各自飞长途，在外地若是遇到，他又变回那个人，对我很好。但是一旦回到本地，他又变得冷酷。之后各自飞行，他也不理我，不接我电话，我只能每天发信息问候，因为他在生病，也没有回复我的信息。分开以后两个星期，我写了一封信给他，想找机会再试试看，因为他说自己还喜欢我，但是不知道还有多少喜欢，最后试了几天，还是无功而返，又是因为我没有安全感，问了他几个不应该问的问题，也感觉他累了。

当时，还没有发现他变得冷酷了，不再是那个死活不放开我的他，有时候让他知道我哭过，他也是无动于衷。

最后，他把我赶走，说不再喜欢我，觉得我这样不肯放手很烦人。我知道可能是我偷哭让他生气，我试着谈其他事情，想要让气氛变好。离开以前，我又问他真的不喜欢我了吗？他说不知道，要彼此先冷静，不算是分手。

之后一个星期，我们都没有见面，他不接我电话，说可以发信息，但也是简单的回复。后来一起放假，之前说要去旅行，弄到这个地步，他当然不想跟我去，觉得我很烦，不想接触我。

地雷四（观念）：很多女人都搞不清楚，大多数男人，除了控制欲过强的魔王（请看拙作《天下女人都会卡的关》之“卡关 7”）及牛皮糖以外，都需要空间。

男人需要空间发呆、休息，摆脱女人的影响，很多时候女人会说：“我只是想找他谈谈。”别谈啦，找他谈这件事情本身就是麻烦和骚扰。还有女人经常会说：“他可以忙他的，我只是陪在他旁边，难道也不行吗？”你少来啦，陪在旁边？我问你，你陪在旁边时，能够不跟他讲话，或是不问任何问题吗？你陪在旁边时，要是他真的只做自己的事情，理都不理你，你确定不会有任何埋怨和难过吗？

女人就是这么麻烦，不必骗我，我也是女人，怎么会不知道女人的麻烦和难缠？

有时候，**男人要的空间，是“完全的单独”**，就算你只是在旁边呼吸，也会是一种干扰，因为男人知道，只要你在旁边，他就不能完全置之不理，但是要理你，他又很烦，因为他需要时间去理清头绪和减轻压力，而不是不在乎你。

所以，当男人在任何情况中，对你提出“我需要冷静地暂时分开并恢复单身一段时间去想清楚我们的关系”时，成熟而坚定的女人会说：“好吧，你觉得需要多少时间去想清楚？”如果他回答一个时间，你就要说：“好吧，在这段时间里，我不会联络你，让你冷静地思考，等你想清楚以后，给我一个答案，我等你。”如果他说，你还是可以联络他，你应该说：“我不觉得有任何事情要联络你，我可以找朋友，你不必担心，如果你有事情需要帮忙，也可以联络我。”这样才酷啊！人性都是犯贱的，当你不需要他，而且是真的不需要他，他才会开始担心害怕。

还有，很多男人会回答说：“我不知道要想多久，但是现在我觉得，分开对彼此更好。”这个时候，你要冷静地跟他说：“但是，我不能因为你不知道要想多久就等你一辈子。这样吧，给你一个月（或是你认为合理的时间，但不能是一天这种强人所难的期限），一个月以后，如果你没有给我答案，我就当作我们已经分手。所以，如果你只是想拖时间就不必啦，我们可以现在就做决定。”对于想用渐淡法分手的烂人，这个做法可以让他知道：“没有用，要是你不联络，我就当作是分手，但是责任在你身上。”对于真的放不下你，又不知道应该怎么办的男人，也是在给他明确的期限，并且告知他：“你自己想清楚，时间一到没有答案，我也不会等你。”这——才——是——真——的——酷——啊！

不要哭哭啼啼，即使有，也别让他知道。这样一来，他才会清楚，**你是有力量和有原则的女人，这样的女人，会让男人尊敬，不**

敢小觑。

我们各自做过两趟短途出行，他没有告诉我要去哪里，但是第一趟我们在机场遇到，是他妈妈告诉我，他们要去哪里，我的航班刚好在那里。第二趟他没有告诉他妈妈要去哪里以及跟谁去。

我知道他第二趟出去，我也立刻出发，我不知道他在哪里，只是猜想，但是我不管，我想出去走走，总比整天躺在床上好，我是自己一个人去的。

地雷五（行为）：我不知道实情如何，但是他妈妈不可能无聊到跟你报备她儿子每天的行程，所以应该是你遇到他妈妈之后，主动趋前询问的吧？如果是他妈妈不知道你们已经分手，自己很热心地说他们要去哪里，就没有关系。

分手以后，或是冷静期，最好都不要跟男方的亲友查探他任何的消息，除非你相信那个人绝对不会走漏风声，让男方知道你还在打听他的动态。但是对方可能说一套做一套，答应你不会说，却私底下出卖你，所以如果可以，问都不要问是最保险的做法，要是男方的亲友团主动爆料，那就不关你的事情。

这样做的理由，也是为了让他不要觉得你很烦，因为即使你自己不主动烦扰他，但是到处打听他在干吗，跟谁走得比较近，会出现在哪里，都是偷偷摸摸如狗仔队般不光明磊落的行为。这个时候，有些女人会说："可是我问他，他都不告诉我啊！"

我的天啊！他要是不愿意告诉你，他在哪里，跟谁在一起，最近在干吗，不就是表示他觉得你很烦，不想看见你吗？你知道这些信息有什么意义？要是他在不情愿下被你堵到，只会让他觉得这个女人死缠烂打阴魂不散吧？

所以，潇洒一点儿到底有什么不好？男人想让你见到，就会让你知道他在哪里。回想你们在热恋期的时候，就算你不问他，他也会主动报备行程，甚至他去哪里，都想带着你一起去。不管过去他多热情，你们曾经多甜蜜，当男人觉得你很烦的时候，聪明女人就应该有多远闪多远，因为：第一，他要是真的觉得你很烦，你要让他有机会喘息，有空间可以想念。第二，他这样做，如果是测试，用意是想知道你会不会着急，更要让他知道，我们没有那么容易控制。想让我着急？你慢慢等吧！

但是，刺激的事情，就是在这里发生的。我在回程航班上，遇到他与他的女性朋友，我真觉得是晴天霹雳！

那个女人，我绝对确定她喜欢他。因为认识我之前，他们曾经互相有好感，但是他知道那个女人不是自己想要的，所以婉拒，这是他跟我说的。他们是很好的朋友，我一直很介意她，我们交往时，他也没有跟她联络过。

怎么那么快就一起去旅行？我在机舱里快要疯了，哭都哭不出来。

结果，我去问那个女人这几天的情况，我知道自己这样很白痴，但是真的无法控制自己。我直接问，你们是不是在交往中？她说不知道算不算，也说他觉得这次是我提出分手，他想让事情这样结束，也有提到我的缺点。我告诉她，他只说分开冷静，不是分手。

我再问他，我变成前女友了吗？他说，我现在不是女友，但是也没有分手。

下飞机以后，我祝福他们，她吓得不敢说话，他说还不算分手，可能还喜欢我，我就离开了。

打电话给他，除了我们的事情以外，我告诉他，那个女人说不知道是不是在交往，他是在给别人幻想。他说，那个女人有很多追求者，也有自己的感情烦恼，如果他要找其他女孩儿，也不会选她。

我选择相信他，因为他没有很多好朋友，那个女人算是他的好朋友，大家刚好有假，那个女人当然会陪他。我明白他的动机，但是应该不会是现在想跟她交往吧，毕竟我们的公司，有很多漂亮女人。

地雷六（行为）：其实看得出来，你的男友根本就是想分手，但他是想用渐淡法来分手，不想做坏人把话说绝。但是，聪明女人要学会察言观色，我们最好分开一阵子，彼此冷静一下儿，暂时不要见面……你自己想想，你跟男人说这些话时，难道是感情很好亲密无间的时候吗？一定是出现问题，或是你觉得跟他在一起压力很大，想要喘息的时候吧？

所以，请你将心比心，男人会说出这种话，就代表你们的关系出现了危机，但是很多女人会认为，那要赶快解决，赶快跟对方沟通。

拜托，男人会这么说，不是“他跟你反映你的缺点很多次，你却都不改，证明沟通无效”，就是“他本来就不擅长沟通，你一直吵着要沟通，他觉得压力更大”。无论哪一种，他会这样说，就是表示不想再沟通。对不想沟通的人，硬逼他要沟通和解决，就是不懂得察言观色，不仅无法解决问题，还会越弄越糟。

至于如何面对那个喜欢他的女性友人，真正厉害和有自信的女人表现，一是大方地过去打招呼，但是完全不问他们两个人是否在交往，这种事情还要问情敌实在很逊，整个气势立刻会弱掉。

大家要建立一个观念，**有自信的女人面对情敌时，无论对方条件是否比自己好，都要有不把她当作对手、气定神闲且泰然自若的气势**，最棒的，就是还能开朗地跟对方打招呼，回报一个灿烂微笑，并且说：“经常听到他提起你，这个家伙要麻烦你照顾啰！”这样既可以表达出，你不把对方放在眼里，更可以让你的男人知道，你不是小气计较的女人，你对自己很有信心，根本不怕别人来抢！

要是你做不到，或是觉得自己无法演这出戏，第二个做法就是完全无视，因为若男方是故意要让你看到自己有对象，想让你吃醋妒忌，你无视就是在破他的局，无视就是在跟他说：“幼稚鬼，你喜欢跟这种货色搅和，就去搅和吧！”如果男方不是故意要被你看见而是凑巧，无视就会变成你不在乎他，当作没有看到，也不问他和对方的关系，这样的效果就是：正中人性犯贱的那一面，他会感到好奇，并且因为你“竟然完全没有反应”而对你刮目相看。你问都不问，有时候反而男人会故意过来澄清说：“我跟她没有什么，只是朋友吃个饭而已。”这样一来，主导权又会回到你手中！

地雷七（观念）：这里顺便分享一个类似案例，我有个客户也是类似这种把感情搞砸的情况。她是不经意发现男友在私密网络日志写怀念前女友的文章，男友跟前任交往将近十年，跟她交往才一年多而已。之后，她做出很多不了解人性的女人会做的事情，先是摆臭脸，对男友发一顿脾气，还叫男友干脆回前任身边，更要命的是，她还联络那个前女友，叫她把男友回收。

结局当然是男友气到提出分手，虽然她很后悔想要挽回，但是已经来不及，男友虽然没有和前任复合，但是分手以后，过了几个月就交到了新女友。

其实，问题不是出在不可以这么做，而是出在“如果你敢这样做，就要有失去他的心理准备”，可是很多女人都不知道有些做法会失去男人，往往一时意气用事，男人就跟她分手，等到她后悔舍不得，才来找我咨询，看看还有没有机会挽回。

但是大家都知道，破坏永远比创造容易，在现实生活中，也是几个炸弹就可以把高楼炸毁，但是当初兴建了多久，花费了多少人力？所以，不是不可以在感情中有破坏行为，而是那个代价你自己要想清楚，有没有办法承担。

我经常跟大家说：**处理感情时，宁愿理性冷静，也不要冲动行事。**你是宁愿被男人抱怨冷酷无情，还是被抱怨歇斯底里、不可理喻呢？要是我，宁愿选前者。

当然，因为先天的个性因素，有的人就是比较理性，有的人就是比较感性，但是我还是觉得通过后天学习，虽然无法把你的个性像重新投胎一样彻底地改头换面，但总是能够控制到不会自毁毁人吧？我自己花了十年工夫，锻炼到如今这样正面、乐观、有强大的自信及安全感，所以我不相信其他女人做不到。应该说，你不愿意做到，只有一个原因，就是你完全不想得到幸福，不然你就会让自己做到。

一定会有人问，上述事件为何不应该生气？我必须这么说，既然是十年感情，他会怀念也是很正常，如果十年感情都不会怀念，这个人就是没有良心，或是看得很开。其次，这个客户的男友，并没有打算跟前任复合（因为前任劈腿，导致两个人分手，男方感到心灰意冷），而且很大方地把她带去给朋友和家人认识，可以看出他认真交往的诚意。这个时候，女人应该将心比心，知道他是个重感情的人，也体谅他会怀念前任的这段过渡期，对方十年你才几年？好歹你熬到三年，才比较有资格说：“现在你应该能忘记前任吧？”

我老公大概是跟我交往一年多以后，有一天脱口说出：“我最近觉得，她带给我的伤害，好像没有那么痛……”套用笨女人的错误观念，我岂不是要气死？跟你在一起那么久，你现在才放下前任？但是，哪有为这种事情生气的道理？交往和结婚到现在，我跟老公从来没有吵过架，除了我们本来就比较理性之外，我们也尽力做到“己所不欲，勿施于人”，只要能够将心比心，很多事情都是微不足道的，有什么好计较？

我经常跟大家说：“没有确凿证据，不要诬赖男人变心。”至少你要掌握他跟前任有“我很想念你，可以复合吗”这类信息往来，才有权利和资格生气，他只是想念前任，不代表就一定会旧情复燃。

又有人会说，如果男友的前任是因为劈腿而导致两个人分手，这种女人有什么好怀念的？说出这种话，就是不通人情，你自己想想，曾经有多少次，你明知那个男人对你很坏，可就是走不开？人们在做出决定时，经常会理性上觉得这是正确的决定，可是感情上却无法立刻抽离，其实就像看完电影散场一样，戏是演完了，但是我们可能几个小时甚至几天，还会沉浸在剧中情节，感情的抽离是需要时间去淡化的，强求不来啊！

我看到他在Facebook上，对一篇《男人感觉恋恋不舍，但是感觉会随着时间消失》的帖文点赞，我发信息给他说，我不想我们的事情随着时间消失，想要讲清楚。

隔天我再问他，我们到底怎么样，其实他都不是自己说出来，都是我一个一个地问，本来之前他都说不知道，不要再问，觉得很烦。

现在，他都说了，他说不想在一起，至少现在不想，觉得我很烦，其实之前也说过。问他还喜欢我吗？他犹豫了一会儿，不是很想说，但还是说不喜欢。前几天我没有联络他，他觉得有些轻松。

我后来跟他说，不想在一起，和分手有什么差别？他就淡淡地说，那就分手吧！他说，之前也有这样说过，是我不肯放手。

地雷八（观念）：会察言观色的女人，在男人敢说“我们冷静一阵子”的时候，就要有魄力回答他：“不必冷静一阵子，我的青春很宝贵，不想浪费给你冷静，就直接分手吧！”这样才帅气啊！

其实，我教大家的很多方法，虽然看起来好像都是如大家所疑问的：“老师，必须是你不爱他，才能做到这么酷吧？”

你错了，能做到这么酷的女人，不是不爱那个男人，只是更爱自己，也爱惜自尊而已。

但是**男人真正会着迷的，都是爱自己、有自尊的女人**，因为他知道，这样的女人不会被他任意摆布，而是有原则和主见的。

一个有原则和主见且无法控制的女人，就会成为男人想要持续征服的目标，因为他知道，这样的女人无论有没有他在身边，都会闪闪发亮，充满自信。

如果一个男人珍惜你，觉得你很难得，他会想紧紧地抓住你，即使他因为生命中的低潮和压力要暂时离开，他也会希望你能等他，或是像韩剧一样矫情地说：“我不想让你走，但是为你好，我应该离开你。”而绝对不是：“我觉得我们有很大的问题，我想暂时分开一阵子。”他的离开，到底是舍不得但是不得不走，还是受不了而不得不分，你总要有些辨识能力吧？

如果你无法做到那么酷，也可以默默垂泪以后说：“我真的不想分开，但是我尊重你的决定。”拜托，人生有那么多事情可以做，你可以多加班、兼职赚钱，你可以多陪伴父母、朋友，你可以多培养兴趣专长，不然也可以在家看影碟、小说，你的人生真的不是只有爱情啊！

而且当男人在冷静时，你逼他要答案，通常答案十之八九都是分手，因为他要是已经思考清楚还是要你，他怕你变卦，不会赶快通知你吗？如果冷静几天以后，他怕你被追走，也会赶快通知你啊！他冷静以后就把你搁着，超过一个月以上，以逻辑来推想，只有几种可能：1. 他已经不爱你。2. 他觉得你很烦。3. 在一起很腻了，不知道该不该继续下去。4. 他已经喜欢上别人。

一个自爱又有自尊的女人，以上四点，没有一点需要接受：1. 谁要跟不爱我的男人耗下去？ 2. 觉得我很烦，我就彻底消失吧！ 3. 你以为只有你腻吗？ 4. 已经变心就赶快滚吧，我要让下一个递补上来。

这样做，男人就不敢随便开口要冷静，因为他会害怕冷静下去，你就会一去不回头。但是鸡生蛋、蛋生鸡，一个聪明女人，不可能把感情弄到会让男人开口要冷静的。

我曾问过以后还有没有机会，他说不知道，他的前女友们都是在分手时，就知道没有机会复合。

他还说，现在不想谈恋爱，也斩钉截铁地说，不会那么快就交新女友，但是我还是担心，毕竟公司有八成都是女人。

地雷九（观念）：我都不记得开导过多少次，因为总是会有人问我，她跟前任到底有没有可能？复合概率高不高？

请你想想，每个人都会改变，好吗？他会答应你一生一世守候，到他残忍地说这辈子都不可能，就表示承诺这种东西都是屁，动人的情话听过爽到就好，残酷决绝也是他当下的心境，时移境迁，每个人都会改变。

可是，你如果还是当初逼走他的那副模样，他就找不到回头的理由。我们离开一间公司以后再回来，不是只有两种可能吗？一是找不到更好的工作，二是觉得旧东家各方面条件更好才愿意回来。

所以，感情也是一样，你只能赌他后来遇到的女人，都比你更糟糕、更情绪化、更歇斯底里，依赖人又黏又烦，没有安全感且疑神疑鬼，但是这个概率高吗？稍有智力的男人，都有学习能力吧，被你这样闹过以后，依照常理来说，他会通过经验，避开跟你一样夸张的女人，选一个比较容易相处的女人，除非他真的很蠢，但若是如此，我们跟个蠢蛋在一起干吗，想要证明自己优秀吗？

所以，唯一的方法不就是让自己成为一间条件更好的公司，好吸引他回来吗？何况这样是稳赚不赔的生意，因为要是我们变得更好而他不回来，就表示他是蠢蛋或是已另谋高就，但是会有识货的优秀员工来应征，所以**让自己成为身、心、灵都强大的好女人，才是真正彻底改善爱情体质的王道。**

还有，**去跟前男友要他暂时不会有新恋情的保证，才真是蠢中之蠢啊！**这样到底能保证什么？就算不是你要他保证，是他自己喜欢说大话，但是这种话本来就是社交辞令而已，要是隔天他的梦中情人出现在他家楼下要跟他交往，你看他还记不记得跟你拍胸脯保证过。

他愿意保证，是他心地好或是怕麻烦，但是会当真的你，还不如相信有圣诞老人。他要是遇到让他心动的女人，他一定会去追求，因为你已经没有资格和权利去限制他，何况大家也都知道，就算管得住人，也管不住心，要他给你这种承诺，真是天方夜谭。

但我是想复合的！绝对！老师，可以给我意见吗？

这样纠缠几个月才真正分手，真是烂透了，也让他讨厌我了，我应该怎样做修补？

希望现在摊牌，至少关系清楚，不再拉锯，以免伤害大家，让他更讨厌我。

我不知道这样做对不对，至少我不再活在“冷静以后，还是有机会在一起，但是其实他在慢慢放下”那个想法与现实严重落差的世界。

这段时间，我的情绪很差，逼自己不要找他，不要去烦他，但又不是分手，为什么要自我隔离？

他知道我在等他，他想在冷静期等到自己放下以后，才跟我说分手。

既然他没有意思要回来，觉得累，我就让彼此休息。

我在彼此说分手时，已经告诉他，谢谢他这一年对我好，我知道我很任性，不了解他，伤害他，我真的在改，而且他也知道。

但是我相信，现在他真的很累，而且我还没有改变自己。

我应该怎样挽救这段感情?

我相信他曾深深地爱过我，所以他要走，我真的很害怕是真正的结束，老师可以给我意见吗?我应该怎样做，才可以让他回心转意?

要立刻隔离吗?分手以前很糟，我知道，他现在想起来的，都是跟我在一起时所有不愉快的回忆，因为他跟那个女人说的都是我的缺点，好像美好的回忆都在很久之前。

我很怕隔离期间无法唤醒他的美好回忆，我可以做什么事情?应该怎样应对?请老师指点。

地雷十（观念）：其实，这篇留言又是“当事人觉得情况不同，但是在我看来，根本是完全相同”的案例。这个类型的故事，在我的博客留言里，可以看到上万条。

但是因为发生的各种情况非常经典，很适合作为教材，所以才为此写篇文章，但是用意是希望再次提醒大家：“女孩儿，你的情况真的没有比较特别啦！”

还是一样，要彻底隔离啊（隔离法请看“错误16”）！隔离的用意、隔离的效果、隔离的作用，在我的博客里，有多少文章分析过，有多少网友分享过，有多少成功经验提出来回馈过，但是还是有人不相信隔离，认为纠缠或是挽回更有效。

数不清有多少女人，都曾留言说：“老师，我已经查找过文章，但是没有看到跟我类似的情况。”

我只能说，你们完全活在自己的世界，这也是你们现在感情会失败的原因，不会将心比心，也不会举一反三，更不会融会贯通。

人世间很多事情，都要靠观察、体会、思考、学习得来，这样才能成为“经验”。感情出现问题的人，几乎都不知道自己是怎么死的，所以这也就代表，他们在这段感情中，其实是自我感觉良好地在做自以为正确的事情，忽略对方的感受，或是只顾保护自己和减轻焦虑，而制造压力给对方，这样就是不会将心比心。

说到举一反三，就是在人际关系中，很多事情可以由小见大，自己去做分析判断，对方不必总要说清楚讲明白，你才知道什么可以做、什么不可以做，因为我们是成年人，若不是第一次谈恋爱，就不应该把教育自己的责任推到对方身上。很多事情都是人之常情，多观察感情稳定和婚姻幸福的朋友，你会发现他们是用对了方法去经营，不是单纯命好而已，多看大众心理学和两性书籍也可以，总比凭你一知半解地去做更好。

至于融会贯通，如果你对感情理解到某个程度，就会对人性理解到某个程度，即使每次遭遇不同的男人，也能抓得住某些方向和原则。融会贯通和熟能生巧有关，熟能生巧就是要多练习，多练习就是要多谈恋爱，多谈恋爱就是要有不执着的本事，所以我觉得谈恋爱有时候和找工作一样，应该“先求有，再求好”，你如果一味求好，说不定一辈子都不会有，而如果只停留在“有”，不愿意进一步追求“好”，就是低估了自己的潜力，也放弃了让人生更美好的可能。

最后讲一个现实又残酷的结论：**那个“人”或许独一无二，那份“好”却有许多人可以完成。**很多女人爱上的不是他，是他给的爱情梦幻承诺愿景，是他给的嘘寒问暖和关心陪伴。

事实真相是：这些东西，别人也可以给你，不是只有他。

自己好好想想吧，如果你爱的是他给的这些“好”，你其实没有真心爱他。这些“好”，如果有钱去包养小狼狗，也可以得到。

真正的爱，其实是：只要对方存在着，我们就很满足。当然，他应该对我们好，但那是因为我们也对他好，并且是在将心比心的基础上，毫不勉强自己跟对方，给他适当的对待。

建立在自我满足上的感情，终究会因为不平衡而崩毁。你可以没有安全感，但是这个代价或是背负的人不应该是他，因为你的不安全感不是他造成的，而是你的自我怀疑喂养的。如果他很乖，你还是疑神疑鬼地无限上纲，当然是你的问题；如果他不乖，你放任这段关系膨胀得疑心成病，也一样是你的问题，因为让自己留下来的不是别人，而是你自己。

我还是一贯的良药苦口、言辞犀利，看得下去的朋友请收下啰！

犯错语录

◎ 男人最爱一个女人是什么时候？就是还没完全得到及掌握她的时候。

◎ 你越是不逼迫男人燃烧热情，越是不当一回事地淡定，男人越会因为你的不慌乱及能把持得住的态度而对你刮目相看。

◎ 如果男人真的爱你，才会被你三番两次提出分手的行为伤害到心灰意冷。

◎ 男人要的空间，是“完全的单独”。

◎ 你是有力量和有原则的女人，这样的女人，会让男人尊敬，不敢小觑。

◎ 让自己成为身、心、灵都强大的好女人，才是真正彻底改善爱情体质的王道。

◎ 去跟前男友要他暂时不会有新恋情的保证，才真是蠢中之蠢啊！

◎ 那个“人”或许独一无二，那份“好”却有许多人可以完成。

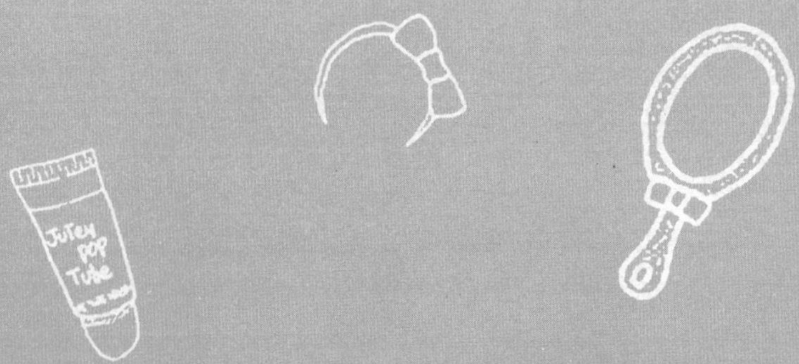
pop
Tube

PART 3
实战篇

错误19 曾经相爱就注定形同陌路吗？难道不能留下一些美丽回忆？

梦洸说：你错了，要是心存感恩，就会有一些美好的告别仪式。

这一篇是跟某个前任分手以后我写给他的最初也是最后的情书。

事过境迁以后，现在回头看，觉得挺肉麻的，决定献丑是因为想鼓励大家，买卖不成还是可以仁义在啊！

其实，我真的不是文学青年，学生时代最大的嗜好是摇滚乐，如果我是男人，应该百分之两百会成为一个 Rocker，但是生为女人又对乐器没有天分的我，好像只能收集 Rocker？

离题了，其实我是想说，我真的不是一个会写情书的人。

但是在我的人生中，不管对工作、对感情、对朋友……我绝对秉持好聚好散的原则，因为人类的感情很奇妙，无论你跟对方经历过什么痛苦回忆，只要最后那一刻的感受是美好的，人类的记忆会自动替换，最后的那个印象会掩盖前面所有的印象，成为对方心里永恒的印记。

所以，我才会强烈建议大家，分手时要洒脱感恩，并且回报慈爱和正面能量。

要是离别时充满咒骂和指控的负面情绪，对方就会抹杀所有你曾经的好，在他心里，你从此就是不可理喻的女人。应该没有人想要已经失去感情，还在旧情人脑海里留下丑陋印象吧？

《圣经》说："爱你的敌人。"这当然不容易，要我们对一个负心背叛、可恶透顶的浑蛋寄予同情，或是去体谅那个把我们伤透心的冷血魔王，只要想到就会捶心肝，但是我还是要说："这不是做不到，只是看你是否可以通过自己这关。"

最后的情书对我来说，是在反复的痛苦失望、犹豫挣扎后放下的仪式，象征我正式告别了这段感情。写完以后隔天起床感到通体舒畅、神清气爽，因为我跟过去的自己告别，我愿意往前走，不再回顾过往，无论有没有遗憾，都已经过去了。

以下就是写给某任的最后的情书：

×××：

很抱歉，多此一举地写这封信给你，我没有把握你会看还是会直接扔掉，但是都无所谓，因为这封信是我对这几年跟你从朋友成为情侣的点点滴滴的心得总结。

所以你能不能看到，甚至看完以后有什么感觉，都不是我在意的。我只是很感谢你给我机会勇敢地去爱，勇敢地做自己，所以才写这封信，也要为那天失礼的行为道歉。

但是，我还是用心地使了一个你比较可能会打开看的小伎俩，我心里还是希望你能看到，毕竟这也算是我写给你的第一封也是最后一封情书。

我要感谢你带给我很多的第一次，希望你可以耐着性子看完。

第一次我参加男友家人的喜宴，对我来说，代表认真及看重，做新娘秘书更是新鲜的体验，这都是你赐给我的。

第一次收到男友送我价钱不高但是包含真挚诚意的生日礼物，我会永远珍惜它。

第一次男友陪我过圣诞节时，替我拍下许多漂亮照片，我重新看那些照片，真的觉得有爱意在里面，因为照片里的我，是那么美丽和幸福。

第一次男友愿意陪我在公园久坐被蚊子叮，听我发家里的牢骚，很耐心很理解地安慰我，并且分享自己的类似经验，我感动于你的真诚和宽容。

第一次有男友跟我告白是用那么大胆又突然的方式，还记得当天晚上我们讨价还价很久，后来我还是答应你，谁叫我喜欢你。

第一次和男友看了那么多场电影，每一部电影都有我们的欢笑感动以及你掌心传来的温度，我总是希望电影越长越好，最好不要结束。

还有每一次、每一次，手牵手走过的每一条路，你从来不会甩开我的手，总是认真又细心地牵着我，注意我有没有被绊倒。每一次，我为了减肥不肯多吃，你总是疼惜地说多吃点儿吧，你的用心溢于言表，我都有感觉到。

你的优点多到写不完，因为跟你在一起的每分每秒都是第一次，都是那么的珍贵，让我舍不得遗忘，原本想到就会心痛的每个片刻，现在想到只有感恩，只有对你满满的感谢。

现在回想起来，我跟你在一起真的很快乐，从来没有不开心，从来不会吵架。贴心的你，就算有负面情绪，也很少对我发泄。时间虽然短暂，你带给我的幸福满溢到远胜我以往的任何一个男友，我真的应该感到满足。

在我眼里，你始终是那么完美，或许就是因为太过完美，所以无法长久，但是就连你的离开，现在回想起来，也是完美的一部分。

人跟人的缘分，不一定要绑在一起才是圆满结局，有时候在最美的时候结束，或许才是对大家最好的方式。

也许我真的跟你继续下去，你会看到我的许多缺点，所以我算是逃过一劫，因为我会逐渐衰老、胸部下垂、皮肤松弛，没有让你看到这些可怕情景，让你对我的印象还是美好的，真是上帝保佑。

我最拿手的就是写文章，所以很用心地把我真正想对你说的话，全部化作文字，不然要是讲出来，一定又跟那天一样哭到不行，让你难堪死啦！

我虽然不能陪在你身边，但是那天告别时的祝你幸福，是我最真心真意的礼物，我知道你有很多不满足和不快乐，所以我会经常为你祷告，希望你的问题都能解决，烦恼都能化解，希望你跟未来选择的伴侣有幸福美满的生活，生个白白胖胖的娃娃，我知道你喜欢小孩儿。

真爱没有附加条件，不强求回报，不可能在对方想要离开时，强拉着不准走。我最重要的感情功课，在你的身上毕业了，你是我的指导教授和贵人，要是我不感激你，真的没有别人可以感激了。

爱不是占有，只要你过得幸福，在那个幸福里，不一定要有我。我也不一定要在你身边，才可以持续去爱你，我会以我的方式来爱你，我会把往后累积的功德回报给你。

无论你明不明白自己的真心，我看到你真的爱着她，如果你可以不再抗拒对她的情感，请你成为一个有包容力的男人，爱她的不完美，爱她的问题，接纳她的负面情绪，相信她因为你的爱，会越来越好，不再做出伤害自己并让别人伤心的事情。

最后我要说，你真的是我三十几年以来交往过的最好的男人。请你要相信我的眼光和判断，你的善良、纯真、包容、同理心，都是我在男人身上很少看到的珍贵品格，请你不要妄自菲薄，因为我是一个不错的女人，现在是，将来更是，我的评语绝对中肯，你要让自己更好，因为你曾经跟这么棒的我在一起。

你也许会说你不好，你很坏，你对我做出过难以原谅的事情，但是人非圣贤，孰能无过？你会这样对我，也是因为我受得住，我的灵魂比一般女人更强大，因此我不受谁来受？对于这件事情，我毫无芥蒂，心悦诚服地接受，因此你不要责备自己。

希望你也能谅解，我们缘分已尽，所以你绝对不要回来找我，要是你对我还有一丝半缕情意，请你答应我这个最后的请求。这是最好、最圆满的结果，我希望你也有这样的认知，不要让完美结局变成死缠烂打。

就这样了，我不会恨你，永远都不会，我给你的永远都是爱。

谢谢你，谢谢你，谢谢你进入我的生命，带给我这么多美好。

珍重，再见。

以上就是全文，但是我希望这位前任不要因为我出书就出来认亲，这样会让我觉得当初给他的爱很不堪，我可能只会说："老兄，你是哪位啊？"

当初为了发文，我又看了一遍这封情书，还是不争气地哭了，但是我很庆幸自己做了这件事。

会哭是因为感动，但是对于他，我真的没有任何男女情爱了。他如果真的想回头，我会避之唯恐不及，不是因为有什么深仇大恨，而是因为他已经不适合现在的我。

从这封信中，不难猜出我们为何分手，其实就是交往以后他的前女友回来抢。也应该看得出来，我不是刚开始就毫无怨怼、非常冷静和洒脱。其实，分手那天我哭个不停，也讲了很多情绪性的话，也会质问他、怀疑他、跟他闹，我也有这一面，因为我不是神仙啊！

只是我清醒的速度比较快，隔一两天以后，我立刻收拾心情，把真心实意化为文字。过去他为我做的每件事情，现在想起来都是甜蜜，因为他可以不必这么做，所以我还是很感谢他充实了我的生命。

分手以后，我无论多难过，只要下笔写最后的情书，我就不会回头。这是最美好的终点，我要让他对我的印象停留在那里，让他偶尔回忆起我，也觉得我充实了他的生命。

把信寄给他以后，过了几天，他回信说，他哭了，他很感动，也后悔没有珍惜我，他认为自己很不应该，他希望我能得到幸福。

我没有再回信，到这里就好了，我知道我给他的爱已经传达到，这样就好了。

所以，我不会让自己有机会破坏完美结局，我把他的电话号码和联络方式全部删除，要做就做得彻底。他也很信守承诺，分手以后，没有再联络过我（但是有一些奇怪的无声电话）。

很美丽的 Ending，不是吗？

就算最后闹得很不愉快，刚开始让我们在一起的，是爱。

从爱开始的，就让它以爱结束。

错误20 分手以后很痛苦，充满自责与毁灭的情绪，很想一死了之。

梦洗说：你错了，负面情绪要正视它，并且立刻发泄，才会看到人生的许多可能。

在我的文章中，给大家提供了许多修身养性、成长改善的建议，其实不是新的观念，而是佛教或《圣经》一直在劝告世人的法门，但或许是宗教经典到最后，人们无法以轻松平常的心态落实到生活中，会把经典当作神圣不可侵犯的道理，因此反而远离教义真正的内涵，但是有许多伟大的心灵导师，用他们自身的体会及浅显易懂的语言，出版了许多珍贵的书籍，我跟大家分享的很多观念，其实也是从书中习得，之后在我的生命中得到验证，然后跟所有前辈一样，把那些道理消化以后，再跟大家分享。

爱情真的很苦恼，有爱情有拥有的烦恼，没有爱情有失落的烦恼，我每谈一次恋爱，其实都会很不开心，因为我总是觉得：如果我“不需要恋爱”，就不会有失望和怨恨。当你不需要某个东西，你就不会被它干扰。我以前恋爱时，最大的不愉快不是聚焦在我的男友身上，而是会很气自己："你一定要去想事情为何都不能如你所愿吗？事情干吗要如你所愿？你是很了不起的人物吗，老天爷为何要特别罩着你呢？何况你不是很清楚，男人都是那副德行吗？你现在不开心，他会知道吗？你说了就会有用吗？你也知道没有用嘛……"

以前我经常这样劝自己，因为个性好强，就算自己在家里哭死，也不会让男友知道自己难过，而且绝对不会挽留，只要对方想走，就算心痛得要死，也会潇洒放手。但是，个性跟我类似的女孩儿都知道，我们这种人真的很容易罹患抑郁症，因为到最后，会觉得没有任何人可以帮助自己，会觉得自己为何要这么逞强？会觉得就算自己消失，应该也没有人会在乎吧？

所以女孩们，我真的知道，我知道那种希望自己不要存在的感觉。我曾经想从地铁跳下去，在家烧炭自杀，从男友家的楼顶纵身一跃……甚至当年罹患抑郁症时，我还故意在每次看诊时，跟医生说我睡不好，请他开安眠药给我，然后偷偷囤积着，希望哪天心情不好，我要一口气全部吞掉，就可以从这个世界上解脱。

现在我很庆幸，我只是想想而已，因为在最后关头，我都会启动"灾害管理机制"，那个机制是，就算我很想伤害自己，我也会跟自己说："别这样，那样不会比较轻松，那样不会比较轻松，那样不会比较轻松，那样不会比较轻松……"不断地说，加上几次深呼吸，之后就去洗个澡，即使睡不着也躺在床上，逼自己把头脑放空，什么事情都不想。如果有负面思考出来时，就对它大喊："停，不要想啦！"然后继续放空，直到负面思考暂时消失，下次又出来时，一样对它喊停。

还有很重要的一点，就是我和家人的感情。坦白地说，我不是被宠大的，父母在我十三岁时离婚，之后我和弟弟跟着妈妈过。独自负担起养育责任的妈妈，经常因为工作而不在家（不是我爸爸不愿意负责，而是我妈妈很帅气地说，她只要小孩儿，其他东西都不要），所以很长一段时间，我和父母的关系很疏离，等到我成年以后，自己也经历了很多事情，明白父母的苦衷，感情才渐渐修复。

因此好几次我想不开时，都会告诉自己，我死了是我轻松了，可是我的家人一辈子都会背负这个阴影活下去，伤害我的那个男人，只会不痛不痒地继续过日子，这个算盘一打，很不划算，所以我逼自己活下去。

很多人不理解，会为了爱情想不开的人，不一定都是要让那个伤害他的对象痛苦或后悔，之前我罹患抑郁症的感觉是：我已经不在乎那个对象爱不爱我，只是觉得生命中从此不会再有好事发生，既然这样，我何必珍惜生命？

所以，鼓励想不开的人“下一个会更好”或“生命是美好的”，其实是在火上加油，因为听起来很讽刺，很不真实。当事人已经想开的时候，当然可以这样鼓励他，但是当他想不开时，他以为可以一了百了，他要的是不必再面对这些痛苦，而不是虚无缥缈的美好愿景。对我来说，比较有用的还是，“别这样，那样不会比较轻松”，或是“你当然可以这么做，但是不会有你以为的那个结果”。这些话可以把我从想不开的冲动中拉回到无奈的现实里，因为死机总比报废好吧？

实际可行的处理负面情绪的方式，不是转化它，就是发泄它。

各式各样的负面情绪，包括因为爱情而生的，或是和爱情无关的，如果不是转化，就是立刻发泄，但是压抑不会有用，绝对不能压抑。负面情绪是怪兽，越是压抑它，它在心里就会越巨大，等到自己无法控制时，有的人会崩溃，有的人会发疯，有的人会罹患癌症（越来越多的医生发现，癌症与负面情绪累积有直接关系），有的人会伤害自己或别人。

为什么几乎所有的心灵成长书籍，都会劝大家不要发泄到对方身上，不要一哭二闹三上吊，不要把痛苦丢到对方身上？其实，那样不是为了保护对方，而是为了保护自己。当我们做出丑陋的行为时，内心会觉得“我真的非常差劲”，无法肯定自己和喜欢自己时，所累积的负面能量才是最可怕的。

下面提供一些方法，是我用来转化和发泄负面情绪的特效药：

1. 如果这个对象不是初恋（初恋请直接做 2 和 3），请你试着回想初恋，或是上一段认真的感情，回想自己当时的心痛，回想自己当时是怎么走出来并渐渐恢复的，然后告诉自己，当时自己也是痛不欲生，最后不是也释怀了吗？所以，这一次也会好的。

通常这个时候会有“可是这一次我以为不会这样，我以为这次会成功，而且我觉得自己做得比上次更好”，类似这种念头出现。当这种念头出现时，就要对自己说：“没错，我已经做得比上次更好，所以事情会变成这样，不是我的问题。失败也不是我的问题，而是他的问题，既然是他的问题，我何必这样虐待自己？”

你也可能会这么说:“但是他不一样，他非常特别，他是我唯一这么深爱的人。”我必须说，他的特别有很大部分是在于你现在失去了他，要是他还在你身边，你还是会继续搞破坏。很多人不能接受分手，有八成以上是不甘心，而不是有多爱他，更不是他有多特别，这都是你自己幻想出来的。说到底，他只是一个男人，无论再特别、再可爱，也不会到无法取代的地步。

当自己陷入负面情绪时，重要的不是检讨和反省，而是先处理情绪，因此，**把责任和错误都推到别人身上，在这个阶段是必要的**:“都是他们不对！联合起来欺负我，我已经做得够多啦！这些狼心狗肺的贱人！……”先骂到自己舒坦，再冷静下来检讨和反省吧，但不要真的拿起电话骂人哦!

2．如果很想发泄情绪，可以躲在房间里，对着枕头打骂（骂完以后，记得要洗枕套和晒枕头，因为这个枕头充满了负面情绪）；或是到无人的海边，对着大海骂（山上也可以，如果不方便外出，就放一缸水对着水骂，骂完以后，一定要把水倒掉）；可以找一些摔破不会心疼的碗盘（陶瓷的摔起来比较爽），带到工地现场或是不会伤人的地方摔个痛快；也可以包下一个KTV包厢，鬼吼鬼叫，唱一些摇滚的歌；请不要点失恋情歌，以免让自己更悲伤，还是想开以后再点吧；或是去游乐场玩拳击机、打地鼠、射击游戏。有运动习惯的人，可以跑步或跳舞，流汗也可以排除压力。这些都是可以让负面情绪快速发泄的方法，请不要以乱花钱（好啦，除非你的钱很多）或是冲到对方面前骂他的伤害性方式来发泄，负面能量只会带来更多负面情绪。

我有个另类的方式，就是看恐怖片（尤其是虐杀类的），但是胆小勿试。为何看恐怖片可以帮助我发泄负面情绪？因为现实际遇再残酷，还是比不过恐怖片吧？看着片中角色都被惨杀，我就觉得自己很幸福啊……（我知道我很变态，但是对我很管用啊！）

3．你可以把想对那个伤害你的人说的话全部写下来，建议用计算机Word打字或是手写，因为发信息如果不小心传出去就惨啦！这封信不必计较用字遣词，只要把所有怨恨都发泄到文字里，一直埋藏在心里的话也写进去，但是这封信不是要寄给对方看，而是要给你自己看。写完信之后，就去洗澡睡觉，等到隔天起床以后，希望你看看自己昨天晚上写的信，感觉自己现在的情绪还是那么负面吗？是不是好多了？信里的许多痛苦和愤恨，是不是也平息了很多？

这个方式在咨询中叫作写作治疗，就像许多艺术家会把负面情绪化为动人的作品。**发泄和转化的不同之处是：前者是破坏，后者是破坏以后的创造。**你可以只要负面情绪出现就写，然后每天检视昨天的内容，就算你只是不断地写“我恨你”，你也会发现次数慢慢递减，你会发现恨意的强度是无法维持的，它必定会减弱。这就是为何我经常说：“时间会治疗一切伤痛。”因为的确是如此，任何的情绪，无论是正面还是负面的，都一样会过去，我们能做的就是：不要制造更大的仇恨。

再解释一下，为何不能向伤害我们的人抗议和宣泄，并且表达自己的痛苦，让对方也不好受。

其实，这些行为不是“不能做”，而是做了以后，意义在哪里？

人生在世，每个人都有选择，如果你不做会死，就去做吧，只要你能承受住后果。承受对方不会理解；承受对方不仅不理解，还会因为你现在是他的敌人而开始捍卫自己；承受你们成为敌对关系以后，那永远无法理清真相的混乱；承受最后即使道理上你赢了，也辩驳得他哑口无言，也让他知道自己错得离谱……但是他依然不爱，就是不爱了。

要是讨回公道真的能让你舒服，你就去做吧！

那么多道理和那么多导师，都希望大家不要这么做，就是因为我们这些还有东西可以教人的老师，自己也做过类似的事情，但是却发现：好像没有做会比较好。

即使我证明他出轨而破口大骂，后来却变成我是个泼妇，他是无法忍受我才离开。

即使我证明他不在乎我，不重视我，也变成是因为我从来不体谅他，自私又幼稚，他才渐渐不爱我。

即使我跟所有人痛哭流涕地说，他背着我劈腿，也变成是许多人表面上安慰我，背后却说我黏人又依赖，难怪他会另结新欢。

即使我去他家找他，去他公司等他，出其不意地在他会出现的地方堵他，当面他或许不会给我难堪，但是私底下他会跟朋友说：“好可怕，她到底要缠我缠到什么时候，连个脸色都不会看。”

所以，不做那些事情，是为了避免二次伤害，是为了保护自己。

大家也都知道，在潘多拉宝盒中，还留着希望给我们，这个希望跟爱是一样的东西，有爱就能带出希望，有爱的行为就是不要创造更多的恶念。我们渴望发泄到对方身上的恶念，除非那个人修养很好、德行很高，不然绝对是回报恶念给我们，然后双方都继续累积更多的负面能量，到最后不是玉石俱焚，就是其中一人因承受不住而自毁。

所以，导师们怎么可能这么蠢，要你容忍和克制，只是为了成全对方？那是因为我们都知道，刚开始虽然痛得要死，但是也就痛一次，要是继续下去才真的是自虐。

犯错的人，其实都知道自己犯了错，恼羞成怒就是犯错被指出的立即反应。对一个犯错的人，不要去指出他的错误，要放过他，假装不知道，或是默默接受，还有道德良心的人，心里就会后悔和歉疚，例如，我写最后的情书给前任（请看“错误19”），他很感动，但是我给他这个宽容谅解，不是为了复合而布局，只是觉得无论他怎么对我，我还是要好聚好散，这是我对自己人格的期许，这样做会让我觉得自己是个很棒的女人。

最后的情书这个动作，有时候还能引导出后来的复合，但是我还是觉得这是为了放下而写的，我只是希望能激发他的善念，让他下次再有同样的情况发生时，至少可以多想想，不要一时冲动去伤害其他女孩儿。

真正的强大其实是“能忍”。发泄有什么困难？每个人都会发脾气，困难的是忍耐，困难的是宽恕，困难的是原谅别人和自己因为人性而犯下的错误。

犯错语录

◎ 从爱开始的，就让它以爱结束。

◎ 实际可行的处理负面情绪的方式，不是转化它，就是发泄它。

◎ 把责任和错误都推到别人身上，在这个阶段是必要的。

◎ 发泄和转化的不同之处是：前者是破坏，后者是破坏以后的创造。

◎ 真正的强大其实是“能忍”。

错误21 我写了最后的情书给他，可是他好像没有感动，也没有回信。

梦洸说：你错了，最后的情书的用意是美好的告别，不是挽回的手段。

在“错误19”我曾跟大家分享，分手以后视情况，有的前男友我会写最后的情书给他，当作是对这段感情的告别仪式。

而我的博客，也有很多朋友完全误会那里是复合咨询站，虽然点阅率最高的还是那几篇与复合相关的文章，但是我从来没有挽回过任何男人，无论是我提出分手还是对方提出分手。

因为我认为：一个成熟的人，应该为自己的决定负责，所以我没事也不会乱提分手，男友提出分手后想挽回的情况，我还比较常遇到，魔王（请看拙作《天下女人都会卡的关》之“卡关7”，就知道魔王是谁）在跟我交往的半年以内，就闹过十几次分手，那个时候因为爱他，我后来都有被他“缠”回去，但是他每次提出分手，我其实都会想：“最好不要来挽回，我已经受够你啦！”

如果是我提出分手，通常是深思熟虑后做出的决定，所以更没有后悔再去挽回的可能。年轻的时候，我也用分手实施过情感勒索，就是那种很多不懂事女人喜欢耍的，生气地提出分手其实是希望男人来哄自己那招，但是幸亏我的命好，我的历任男友没有一个吃这套，我只要敢这么做，下场就是变成真的分手，虽然我会生气又错愕，然后想着："什么？怎么我闹一下儿脾气，就真的不理我？"但是幸亏他们用行为教导我不可以情感勒索，所以我后来就知道，除非我想清楚真的要分手，不然绝对不会提出。

我其实是个很温和却也很冷酷的人，过去再爱、再舍不得、再多的感情与纠缠，只要我意识到他的任务已经结束，我就会很干脆地把那段关系打包送去焚化炉，目前只有一个前任还留在身边做朋友，但是朋友就是朋友，绝对不可能越线。

所以，我隔离的动机以及我写最后的情书的动机，跟许多女孩儿在根本上就不同，因为我现在已经强大到：没有任何一个男人，在我的生命中是不可或缺的。他们只是现阶段我需要学习功课所召唤来的老师，我同样也是他们的老师，大家教学相长，如果关系中能互相成长，让彼此生命更丰富，让智慧更精炼，这样很好，也许我们就在一起待得更久。但是我从来不觉得生命中没有了谁会活不下去，或是一定要天荒地老、至死不渝，这样真的太累了，压力也很大。

我经常跟许多客户讲，也许我跟你们唯一的不同，就是我不是非要这个人不可。俗话说得好：**"三只脚的青蛙难找，两条腿的男人多得是。"**不是我无情，我同意跟那个人共同拥有的回忆和默契是独一无二的，那个人在世界上也不会有第二个，可是那又怎样呢？

若是那个独一无二的人伤我的心，或是用我不接受的方式对待我，你再独一无二又怎么样？对我来说，只是一件过时的衣服，看到就嫌烦，还会埋怨自己以前品位怎么这么差，不赶快丢掉或回收，只是占据衣橱空间而已。

我从来不觉得专情是美德，专情应该在供需平衡的条件下才会成立，而不是选定一个对象以后，无论境遇多么糟糕都还要专情。**专情只是“在合理的条件下，获得稳定可靠的感情的必要牺牲”**，但是当专情妨碍自己的成长，甚至伤害到自尊时，我觉得盲目专情就是自我限制。只有条件均等和真诚对待下，才需要专情。在这个方面，我完全不介意被批评为现实或冷酷，大多数女人就是既不实际又不理性，感情才会谈得乱七八糟。

更何况，人类要是真的能专情，鳏夫寡妇都不要再婚好了。专情只能建立在双方都有共同的认知，觉得感情不专会危及关系，伤害信任及既得利益，把“道德、良知、感情、信任、名誉、家族羁绊、既得利益”与“热恋的兴奋刺激”两相权衡下，有的人摸摸鼻子觉得偷吃划不来，就不偷吃而已。

可是你要说，两个人在一起十几二十年，都不曾欣赏过其他对象，不曾有过幻想吗？我看大家都会有吧，只是会不会由此演变为具体行动而已。

有些离题了，以下就针对对于最后的情书有误解的朋友，更清楚地分享我的看法。

网友留言：

老师你好，我想分享自己的经验谈，给姐妹们参考。

我刚才看到自己写给某个前任的最后的情书，当时的情况是：他爱我爱得要死，我对他没有爱的感觉，只是刚到国外念书觉得寂寞，有人对我好就水到渠成了。

因为对方和我住在两个城市，所以平常上课的时候，每天晚上 MSN，他不断给我惊喜讨好我，热恋了几个月（对他来说是热恋，对我来说是习惯依赖）。夏天的时候，他要到大陆旅游一个月，我也要回台湾度假，说好到时候见面。

我回台湾以后，不断收到他的情书，只回复一封以后，就没有回复过，然后他发邮件到电子信箱，信里还说在床上都会掉眼泪，我因为本来就对他没有爱情感觉，看到这种男人显示懦弱的邮件，也觉得很无聊，所以整个夏天都没有跟他联络。等我到国外以后，又开始寂寞了，然后又跟他联系起来，但是我略微感觉到，他对我没有以前热情（以前只要上线，他就会找我聊天，我记得有一次上线，他没有主动找我，而是我先找他），但口头上他还是很爱我。

一直到月底，噩梦来了，他一个星期没联系我，我发信息给他，他也没有回复，他说手机有问题，然后我发很长的邮件给他，他也回复很长的邮件给我，但他好像在犹豫要不要离开我，虽然对我还有感情。又过了十几天以后，我打电话给他，他说要分手，有其他女孩儿在追他，他已经接受了。当时，我觉得真是晴天霹雳，在电话里哭着挽留他，半夜四点醒来，写最后的情书给他，说自己会永远爱他等他。他回复我，叫我不要等，他说他之前用尽所有方法讨好我，但是我回台湾的时候对他不闻不问，伤透了他的心，他想开始新的生活。

我为了忘记他，就去自助旅游。一个星期以后，我对另一个男生开始感兴趣，便把他彻底忘记了。后来自己想想，当初对那个前任不是爱，只是不甘心也不能接受，以前一直爱我的人，怎么突然不爱我了。

现在看看自己最后的情书感觉很傻，所以劝大家，最后的情书只有自我发泄的作用，对方会觉得很可笑，而且还会满足他们的虚荣感。

如果对你还有感情的人就会回复，收到这种情书却不爱你的人，只会嘲笑你，或是对朋友炫耀说："这个女人怎么都离不开我，我有那么好吗？"就像我当初收到他许多情书却完全不理会一样。

后来过了几个月，那个前男友在有女友的情况下对我试水温，还提出要见面，我对他没有兴趣，所以拖到半年以后才见面。与我见面以后，他对我的感觉又回来了，帮我买单，坐地铁送我回家，到家以后，立刻发很多信息问候我，坦白对我还有感情，然后我回复说"我爱另一个男人"，他就知难而退了。

自从汲取教训以后，我分手都不会再写最后的情书，对方说分手以后，就不会主动联系他。现在的我，已经和前男友隔离十天。

这个男友的情况，跟当初的他很像，也是他爱我比我爱他多，区别就是：我对这个男友有爱情成分，算是认真交往，也见过他的家人，可是没有想到，他到大陆以后，被花花世界弄得变心了。

我一直都觉得，我不会难过下去，现在是被回忆缠绕着，无法接受曾经那么爱我的人不再爱我的事实。但是，总会有柳暗花明的一天，到那个时候，我会觉得我现在的痛苦根本就是在浪费时间，自找烦恼，我感到很痛苦，对方还在笑，而且活得逍遥。

所以，大家一起自勉，绝对不要主动联系他。每联系一次，都会增加男人的虚荣感，那些男人在口头上觉得你死缠烂打很烦，在心里却会暗爽！

梦洗回复：

这个网友的留言，有正确的心态，也有错误的心态。“说分手以后，就不会主动联系他”这个部分是正确的，但是她对于最后的情书的理解有些误差。最后的情书也罢，隔离也罢，都是为了自己做的，不是为了挽回那个男人做的，而且我觉得，不必把曾经交往的人想得如此不堪，“最后的情书只有自己发泄作用，对方会觉得很可笑，而且还会满足他们的虚荣感”，这种想法也太负面、太偏激了，要是都以这种角度思考男人，负面的吸引力法则只会呼应你的愿望，给你更多这类利用女人满足虚荣心的烂人。

我不知道有多少人真的把我文章的核心思想看进心里，但是我写两性文章的初衷，绝对不是为了加强大家的执念——只要有这个妙法，我的男人就会回来，而是要让大家理解到，真的没有什么了不起，无论他多独特，也是个男人而已，只要你愿意，虽然不一定能得到一模一样的，但是绝对有更好的。

我只对两任前男友动用过最后的情书，因为**最后的情书对我来说，根本不是用来复合的手段，而是要让那个人后悔一辈子的技巧。**当然，反正我也不再爱他，他是不是真的有后悔，我也不在意，但是写最后的情书完全是我给自己的感情告别式，再加上我认为自己这样做很有格调而已。

会让我需要用到最后的情书的男友，都要满足一个条件，即：这辈子我跟他分手以后，再也不想见到他或是听到他任何消息。如果有必要，我会完全否认生命中曾经出现过这个人。

是这样的动机，我才会写最后的情书，完全不是为了要复合。

而且，这两任男友都伤害我很深。分手以后，我觉得他们是仅次于“小强”（看过周星驰电影的人，应该都知道这个吧）的令人厌恶的存在，但是我持以德报怨的精神，分手不仅不口出恶言（这是我的格调，做人有格调很重要），还要运用好文笔来歌颂一番，让他们余生偶尔想起时，还会觉得我是个好女人，辜负我实在于心有愧，但是很可惜因为他们的错误，导致这个好女人这辈子不会再出现在他们的生命中，甚至连当个朋友都不愿意。我全部的目的只是这个，怎么会是要复合啊！

但是我之前也说过，他会不会后悔，关我屁事啊。反正我不会是他身边的倒霉女人，我会写最后的情书，就是把最后对这个男人的感情及不舍，通过文字打包装箱，然后我就清爽了，可以向前走，跟他毫无瓜葛。

我经常跟大家说，要学会去了解你的责任归属，因为唯有当你承认自己也要为感情失败负起责任，你才能不把责任都推给对方，一味认为都是对方的错，这样你怎么会成长？又怎么会懂得感恩？

这两任男友，一个虐待我，一个联合前女友欺骗背叛我，都对我伤害很大，所以他们跟“小强”一样，都是我完全不想再见到的，但是这不代表相处过程中没有美好，那些美好也是真实的。既然是真实的，也互相付出过，让对方知道你的感谢，进而激发出他灵魂中美好良善的一面，不也是功德一件吗？

因此写最后的情书时，我是十二万分的真心诚意。我写文章一定要有感觉才写得出来，最后的情书当然也是一样，句句都是当时的肺腑之言，但是在写的同时，我也在给自己心理建设，把信写完寄出去以后，我跟这个人就是彻底的结束与决裂，就算他要寻回我，也只有那句电视剧中的名言：“我回不去了。”

所以，请注意我的最后的情书中，没有自己挖洞跳下去说会永远等他（神经病才会等他），更不会说永远爱他不会爱别人（你想得美），我这个人文章写多了，很注意用字遣词不要造成误会，我是这么说的：“爱不是占有，只要你过得幸福，在那个幸福里，不一定要有我。我也不一定要在你身边，才可以持续去爱你，我会以我的方式来爱你，我会把往后累积的功德回报给你。”（我爱他的方式，就是让自己活得越来越好啦！）

当然，如果要说我心里还有报复心态，我最终极的复仇，就是我永远不可能回到这两个我写过最后的情书的前男友身边，就算我会一辈子单身，也是绝对不可能。他们曾经踩到我底线的代价，就是从此成为完全的陌生人。

爱的反面不是恨，而是冷漠，我的完全不关心、不在乎，就是我对于他们伤害我最好的惩罚。

你怎么看这个世界，这个世界就会怎么回报你，如果你觉得遇到的男人都是爱慕虚荣，会拿你的真心诚意来取笑作乐，不是你看男人的眼光很差，就是你不相信人类本性的良善一面。

你不是他，怎么知道他看完信的感受是觉得可笑还是感动？你如果曾经对他写那么多情书的反应是理都不理，以后是不是要试着去珍惜别人的真心，而不是践踏以后认为拿起来拍拍灰尘，就可以当作没有事继续交往。要遇到好男人的诀窍，其中之一就是要开始懂得珍惜男人对我们的好，毕竟他也可以不要这么做。

还有一个重点，就是不要后悔，这些经历就是在锻炼你“对感情失败负起责任”，知道哪里做错，才不会一错再错，才会真心悔改，才会愿意从根本上去调整心态，否则你们看我的文章，永远都是在皮毛上打转，纠结于可不可以打电话、应不应该发信息、是不是需要送礼物的细枝末节，这样要到何时才会真正强大啊？

如果你把他想得如此不堪，认为你痛苦他在笑，是为了坚定意念不要去纠缠，那可以这么想，但是不要因此觉得所有男人都是这样，因为仇视男人的女人，绝对不会有好的感情。你不喜欢男人这种生物，却还要跟他们组织家庭共度人生，难道是要持“我不入地狱，谁入地狱”的心态去受苦吗？难道是要等着看这个男人何时又会演出伤害你并弃你而去的戏码吗？不要这样吧！感情原本就是应该美好的事情，可是作为女人，不能持理所当然的心态，然后恃宠而骄，更不能觉得我们不努力，对方就应该爱我们一生一世。

可恶的一直都不是男人，而是人性。学习了解人性，才可以避免自己成为犯错的那个人，这样即使关系结束，至少我们心安理得。

以下是另一位网友的留言，也是针对最后的情书有疑惑：

老师，看完最后的情书以后，我有一个问题，一直萦绕在脑海里，像这样感人的行为，这样一封如此令人动容的信，当一个主动离去的男人看完以后，有没有可能会回头？

我知道这个问题或许很傻，如果他因为一封信就会回头，当初又何必离开得如此坚决？或许今天如果是我把男人甩掉而收到这封情书，可能只是稍微感动却不会有任何行动吧。刚才我几乎不敢整篇看完，因为害怕自己会痛苦失控，虽然也想着，是不是可以写一封信给前男友，他是否会被感动而想回头？但是又怕他觉得我是真的放下了，因为这样好像就代表我会永远失去他，很矛盾啊！

梦洗回复：

老师我不会刻意做什么事情，是为了让男人回头，无论是隔离还是最后的情书，目的只是为了让自己好过，而不是为了让男人回头，这是我跟向我求救的女孩们的最大差别，我说过很多次，我从来不会挽留男人。

男人提出分手时，我当然还是会问理由，不然这不是跟莫名其妙地被判死刑一样吗？就算这个时候他给的理由多半是借口，我还是想听听看他的说辞，因为观察判断能力强的女人，有时候从他的理由也可以推测出真相！

隔离法的起因，是因为我把自尊看得比爱情更重要，我受不了自己去纠缠，所以才会隔离，只是意外地发现男人吃这套，目前为止有四个前任回头过。

我经常说，只要你能离开，真的就没有什么好怕的，我的很多方法和心态，不是为了让大家去努力挽回已经逝去的事物，而是为了锻炼大家可以离开而无所畏惧。

分手不口出恶言，也是因为我希望让他后悔，让他知道自己错失了好女人，但是我最狠的一招，其实是让他知道自己再后悔都不可能重来，所以我会动用到最后的情书的男友，都是被我列为连路人都没有办法做的人。

请大家记住：无论如何，让对方最后的记忆，停留在美好的那一刻。如果有一天，时空和环境都允许时，他真的又想起我们，想要再给彼此一次机会时，至少他不会害怕，而是觉得会有美好的未来！

还有就是，很多女人都缺少耐性。我经常说，你花费了多少时间去搞砸这段感情，难道妄想几天就可以救回来？别傻了！再有效的药方，也需要时间去发挥!

爱情其实是最可以帮助自己深入了解自己的课程，一个不了解自己的人，可能会以为社会传统框架设定的标准就是幸福，可能会以为足够的物质保证就是幸福，但是了解自己的终身课程，怎么可能谈一次恋爱或是经历一次痛苦就学到呢?

为何我经常劝大家要多谈恋爱，并且进行分析判断，就是因为爱情跟其他事情没有不同，多谈恋爱就可以累积经验值，并且更了解情况，更知道自己的喜好，就像换工作或是选餐厅，其实在本质上我觉得没有很大差异。

工作可以越换越好越适合自己，也可以争取到满意的薪资和待遇，不也是通过改变和懂得选择而成就的吗？选餐厅也是一样，就算你觉得这间餐厅已经吃惯也合口味，但是没有尝试过其他选项的你，真的可以确定不会喜欢其他口味吗？这间餐厅真的是最好的吗?

我不是鼓励大家要三心二意或放弃坚持，但是人生这么长，多给自己一些其他选择，就当作是挑战和冒险，在不影响生命安全的前提下，我觉得是完全必要的，就算我以后活到七十岁，也不会觉得自己要安于现状，人生永远有可能性，你不去尝试真的不会知道。

因为我就是这样走过来的，所以我很清楚，只要你们不断成长，看到的绝对会是不同的风景，现在的悲伤和痛苦，将会成为小菜一碟，所以我不想浪费时间去安慰大家，而是选择犀利直言，因为问再多假设问题，其实都没有必要。你们只要愿意给自己时间，就会了解很多道理需要的唯一解药，只有“耐心、信任和时间”。

犯错语录

◎ 三只脚的青蛙难找，两条腿的男人多得是。

◎ 专情只是“在合理的条件下，获得稳定可靠的感情的必要牺牲”。

◎ 最后的情书对我来说，根本不是用来复合的手段，而是要让那个人后悔一辈子的技巧。

◎ 爱的反面不是恨，而是冷漠。

◎ 可恶的一直都不是男人，而是人性。

◎ 请大家记住：无论如何，让对方最后的记忆，停留在美好的那一刻。

错误22 使用隔离法，前任真的回头了，但是他现在有女友，是不是想劈腿啊？

梦洗说：你错了，他想劈腿，你可以不配合啊！想复合，就要让他先跟女友分手。

这篇是我在博客中回复的网友的问题。

网友疑问：

老师，你的方法真的有用，他想回来了。

事发到今天不到三个月，他今天发信息给我，想和那个第三者分手，回到我身边。

和她在一起的日子，他发现了我的好，也说我不在他身边的这些日子很想我，甚至说想跟我结婚。但……重点是，依照他的说法，他们现在还没有分手吧！

我实在不想做抢别人男友的人，虽然那是我的前男友，但是他说的感觉好像是把我当作备胎。

如果他可以和我复合，才要和那个女人分手？如果我不原谅他，他还是会继续和她在一起？

这样的感觉很不好，还是我太苛求？

虽然这些日子已经让我看开了，我当然还爱他，但是看到他传的信息我开心不起来，反而哭了，我不知道如何回应他。

而且有些逻辑我不懂，如果按照男人的想法：

1. 男人通常认为自己很好，自己为你做的事情很多。

2. 你愿意回来，你应该了解我，也表示你接受我的缺点，不然你干吗回来？

如果我们内心很强大，当男人回来试水温时，我们对他的感觉还存在，是不是可以用以上两点反推到我们自己身上来对付他呢？

1. 我们认为自己很好。

2. 你愿意回来，你应该了解我，也表示你接受我的缺点，不然你干吗回来？

甚至，如果我们可以用“谁在乎，谁倒霉”和“不要想太多”来对付男人，男人还会希望复合吗？

梦洗回复：

“如果他可以和我复合，才要和那个女人分手？如果我不原谅他，他还是会继续和她在一起？”虽然这个想法听起来很欠揍，但是逻辑上没有错，因为就像他要确定新工作面试成功（或是以你的例子来说，就是老东家愿意让他回去上班），才会把现职辞掉一样，在

“不想两边都落空”的动机上，他这么想的确无可厚非！

但是我经常觉得，很多女孩儿比较不善于变通，你完全可以先答应说：“好啊，你跟小三分手，我们就复合。”但是你心里可以这样打算：“复合以后，要是情况不对，我还是会跟你再度分手。”总之，爱情是自私的，其他的事情，以后再说吧！

我经常跟大家分享，我的人生规划其实是没有规划的，什么事情我觉得现在想做，我就去做。交往也是一样，结婚也是一样，是我现阶段想做这件事情，就去努力实现，但是我从来不敢说自己做的任何事情，一定会持续一辈子。这不是悲观或是不认真看待，而是人世间无常的力量往往比我们的规划更奇妙，也想提醒大家，任何你现在觉得是悲剧的事情，过几年以后再看，你可能会觉得那是喜剧，反之亦然。

所以，为何要觉得答应对方复合，是绝对不容许失败的事情？我几次跟前任复合的经验，都是感谢对方让我知道“我们真的不适合”，可是如果不是他愿意回头，说不定我还在自责内疚自己哪里做错了。虽然这几个家伙跟我复合以后，最后我们还是分手了，但是我完全不觉得是失败，反而更了解当初分手的原因确实无法改变，所以我就心甘情愿地离开，而且真的是完全放下，没有任何遗憾。

我觉得正确的做法是：如果你心里还有不甘愿，就跟他复合试试看，但是不要给自己“不成功便成仁”的巨大压力。再次分手又怎么样？再次分手，只是更证明双方不能解决的问题还是存在，当然也可能以喜剧收场，复合以后因为彼此更珍惜，所以相处更融洽，但是你不给自己机会去试试看，永远只能是纸上谈兵！

接下来的执行步骤是：跟他说复合可以，你愿意再给彼此一次机会，也愿意努力去原谅他，但是他必须在你定出的期限以内，跟对方断干净，不接受任何理由推迟。如果期限一到，他没有做到分手，就视同他选择小三，你就会“永远离开他，永远不跟他见面”。（话要说得坚决一点儿，不然男人不会感觉到严重性，在执行上就会拖拉。）

期限上的讨价还价原则，要是你觉得可以给他三个月时间处理，就说一个月；要是你觉得可以给他一个月时间处理，就说一个星期，因为他一定会讨价还价，所以你要先定出他觉得不可能的期限，再让他往上加。如果你告诉他，给他半年时间处理，依照我的亲身经历，他会给你拖到一年。所以，在谈期限时不能心软，无论他扯出多少烂理由，你都要说：“我觉得，我给你的时间够久了，如果有心处理，一定可以解决，你扯出这么多理由，只是不想解决吧？”态度一定要坚决！

然后是这段疑问：

而且有些逻辑我不懂，如果按照男人的想法：

1. 男人通常认为自己很好，自己为你做的事情很多。

2. 你愿意回来，你应该了解我，也表示你接受我的缺点，不然你干吗回来？

以上理解有些谬误，不一定每个男人都会自我感觉良好，有些男人也知道自己很糟糕，但是女人愿意回头，真的证明一件事情，就是：你接受他的现状。

无论这个男人对自己的看法如何，但是女人愿意回头，确实是以行动证明，可以包容或接受他的现状，所以复合以前一定要观察，确认他的现状是不是你能接受的，不然你还愿意回头，等到他重新拥有你，就不会觉得他还需要改变。

如果我们内心很强大，当男人回来试水温时，我们对他的感觉还存在，是不是可以用以上两点反推到我们自己身上来对付他呢？

1．我们认为自己很好。

2．你愿意回来，你应该了解我，也表示你接受我的缺点，不然你干吗回来？

逻辑上是这样没有错，可是如果你自己有严重的问题，本来就应该修正（例如公主病、女王症、想太多），不然，即使他是念旧或是因为新欢很糟想回来，有朝一日他还是会因受不了你而离开。这就像我们因为男人劈腿而分手，如果复合以后，他还是花心不断，我们迟早会因为他再度出轨而离开。关键问题不解决，每个人的耐性和爱意都是有限的，自我感觉良好，如果情人持续离开，就应该检讨自己的感情经营模式。除非这个人本来就是在收集猎物，完全不打算经营，那就没有话说啦！

甚至，如果我们可以用“谁在乎，谁倒霉”和“不要想太

多”来对付男人，男人还会希望复合吗？

这又是观念偏差，你有没有注意到自己说：“男人还会希望复合吗？”这表示你还是被对方的行为牵着走。我经常跟大家说，为何我能从你们的问题知道你们现在的感情等级到了哪里，因为越过某个境界（我会说，那个叫作“真实之门”）的女人，有的问题她根本心知肚明也不会去问，一切都了然于心。

如果你在心态上，真正做到“谁在乎，谁倒霉”和“不要想太多”这两条，你在乎的已经不是男人会不会回来复合，而是在乎“他如果回来，我还要吗”？

自信上就差很大啊！

有自信的女人，在乎的是“我要怎样的关系？”“我要怎样的婚姻？”“怎样的伴侣，可以配合我要的关系模式？”“怎样去挑选可以给我理想生活的伴侣？”，而不是“到底我要怎么做，他才会愿意回来？”“到底我要付出多少，他才会愿意结婚？”

等到你变得更好更棒，拜托，就算不是他，也会有更好的男人，我就是活生生的例子啊！

与其花费时间去讨好男人，不如把那些时间用来认识自己。头脑清楚、了解自己，是不会改变的根本原则，也是王道！

错误23 隔离以后，前任约我吃饭，我应该积极热情地把握机会趁势复合吗？

梦洗说：你错了，不要急着想要搞定，多一点儿时间观察，别让自己成为备胎。

这篇也是我在博客中回复的网友的问题。

网友疑问：

隔离真的有用！前男友在我隔离以后一个月，发了一封电子邮件给我，我没有回复，越来越想走出他的阴影，好好生活。

昨天我的生日，正是隔离以后的三个月，想不到他真的找我，他是用 Whats App 找我，起初他叫我，我没有回应，后来回应他，他想约我吃饭，我说已经约别人了，所以就拒绝了他。

他问我生日跟谁吃饭，我告诉他，是一个正在追求我的男孩儿，但是还没有在一起，也没有表明自己是否喜欢这个男孩儿。

后来晚上他甚至急得打电话给我，在电话中，我听到另一个电话在响，我觉得 99%是当初那个第三者，他都没有接电话。

总结这两日的对话，我得到以下的重点：

1. 他很惊讶为何我三个月完全没有联络他，他问我原因，我告诉他，我要给自己时间冷静，重新审视彼此之间的关系，他问我审视得如何，我说还没有想清楚。

2. 他有后悔和我分开，因为他说他认为我和他很好，以前相处很开心快乐。

3. 他还是和第三者在一起，这两天晚上和他讲电话，都有听到电话响，他知道我有听到，但是我没有问他是谁。

4. 他很在意我的追求者，他追问了很多次，我到底喜不喜欢那个人，我拉开话题，回答得不清不楚，他还是要追问，最后我更改标准答案，做出回答说："其实，我也不知道，还在观察中，自从跟你分手以后，我现在会考虑得比较多。"

我现在很苦恼，如果他再追问那个男孩儿的事情，我应该怎么办？

老师说得对，第三阶段真的很难过，每一步都要小心翼翼，每次回答问题都要想很久才能回答，很怕之前的努力功亏一篑。

但是真的没有想到，隔离三个月就出现了效果，还以为最少要一年半载，因为他和我在一起时，对我很不好，而且我觉得他是比较冷静理智的类型。几天以前的我，绝对想不到自己会有这一天，无论最后成不成功，我现在也很满足，真的很感谢老师的文章。

过了几天，我发现事情不对劲，之前的情况是：他想在生日那天或隔天约我出来吃饭，但是那两天我已经约了朋友，所以就拒绝他。

本来以为他会约其他日子，但是他没有动作，我开始怀疑：自己那天拒绝他，是错误的决定。

他还以为我有其他对象，很激动地追问我，那人是不是每天晚上打电话给我，我就回答说："那个人不是我的男朋友。"他说了一句"OK"之后，后来就不再 Whats App 我。

昨天下午我告诉他说："我根本不喜欢那个男孩儿，所以不要说他是我的新男友。"

他只回答我一句："我只是开玩笑啦！"

我不知道要怎样回复他，所以昨天晚上我没有回复他，他也没有再找我。

当初分手，他说我和他是冷静期，虽然我已经知道他劈腿。他那天找我，好像是想若无其事地和好，但是被我冷冷拒绝，结果让事情陷入僵局。

我想请问老师：

1. 那天我没有答应吃饭，是不是错误的决定？如果想约他出来，可以主动约吗？

2. 这个时候，我应该采取热情的态度，还是冷淡的态度？

3. 我应该主动找他玩在线游戏吗？其实，这两天和他玩过一次，第二天他又叫我玩，但是我因为要早起，所以拒绝了。

4. 还是我现在应该什么事情都不要做，重新隔离呢？

梦洗回复：

你这次处理得很好啊！

几个重点提醒：首先，生日已经跟朋友约好，当然就是要跟朋友出去，做人要有道义，而且慢慢你会发现，**“铁打的闺蜜，流水的男人”**，跟朋友维系感情，比把时间和精力都放在男人身上更值得！

还有切记，经过隔离期以后，男人试水温“只是在试探你的心意”，所以才说这是试水温，他没有直接说要复合，或是已经跟第三者分手，所以你不必想太多，期望越高，失望会越大。你只需要知道他开始想念你，开始后悔，但是距离他真正想要复合，还有很长一段路要走。

他没有再次积极地约你，理由也很简单：他现在有女朋友啊！虽然那个女人是小三，但是小三现在已经扶正，他大多数时间要去陪女朋友，而不是急着约你。男人一般来说，除非跟现任的感情已经恶化到相见不如怀念，否则即使身边出现对他有吸引力的其他女性，他还是要优先处理手边这个。

而且，凡是扶正的第三者，因为当初是以不正当手段把男人抢来的（除非是男人骗她单身，她在不知情下介入），通常心里都会很没安全感，会担忧这个男人“怎么来就会怎么去”，一般也会管得很紧（例如你听到的那几通夺命追魂 call）。所以，在他没有接电话后的几天以内，为了“稳定军心”而不约你，是正常的处理方式，他必须确认现任没有怀疑，而且已经被他安抚好，才有可能再尝试约你，不然要是你不给他约，他又因此惹怒现任，落得两头空，岂不是要孤枕难眠，大多数男人都不会做出这么冒险的选择！

由此推断，你不要急着约他，才是正确的做法，因为后面那几天他要花费时间安抚现任，消除那个女人的不安全感，因此你若是约他，说不定还会被他推掉或是拖延，因为他暂时还不确定“你真的值得我跟现任分手，然后和你复合吗”？所以，他还是要力保现任，“安内攘外”，知道吧？许多男人都会先保住手边这个，再去看看外面的江山值不值得他去打。

我知道你会觉得男人这样很奸诈，但这就是人性！我们不确定可以应征到更好的工作以前，也不会傻到先跟老板说：“其实，我有在应征其他工作，我可能会辞职。”要是这样傻傻地说了，而新的工作没有应征到，那就是一场悲剧啊！

至于后面的四个问题，其实是一个问题而已，我的答案只有一个：**被动、被动、被动**。

1. 那天我没有答应吃饭，是不是错误的决定？如果想约他出来，可以主动约吗？

当然是被动啊！他如果想你想到快要死掉，一定还会约你，不要用热脸去贴冷屁股，只要做一次，你就会发现男人会转起来，不值得。

2. 这个时候，我应该采取热情的态度，还是冷淡的态度？

当然是被动啊！被动就是先观察他的温度，他要是冷淡你就冷淡，他要是热情你就热情，但是不要比他还热情，还是老话一句：不要用热脸去贴冷屁股。

3. 我应该主动找他玩在线游戏吗？其实，这两天和他玩过一次，第二天他又叫我玩，但是我因为要早起，所以拒绝了。

这个问题当然也是要被动！等他主动找你玩时再和他玩，如果是你自己想玩，就尽管上线，但是不必主动找他，谁知道他的现任监控他到什么程度？就算他比较喜欢你，可是你的某些行为要是导致他跟现任吵架，他就会本能地认为你是个麻烦。男人都怕麻烦，被动可以避免在不知情的情况下“给男人找麻烦”，因为当他主动联络你时，必定是他“状态安全并且想你”的时候。

4. 还是我现在应该什么事情都不要做，重新隔离呢？

不必重新隔离，可是还是要被动！你太心急啦。很多女人在第三阶段，都是得到一些甜头，就误以为对方要给你整间糖果店，最后把事情搞砸。其实，第三阶段最正确的心态，就是要经常想“这样不代表什么”，他打电话问候“不代表什么”，他追问你的新恋情“也不代表什么”，他想要约你出去“更不代表什么”，因为只要是朋友，都可以做以上三件事情，反而是你期望太高，把他的每个行为举动都当作

“他已经后悔，想要复合”，如果他迟迟没有进一步行动，你就会像现在这样患得患失，所以还是要平常心，而且要提醒自己：“不要急着复合，因为之前导致分手的问题没有处理好，复合也没有意义，难道我想跟他分手两次吗？”**重点不是“如何快速复合”，而是“对方有没有诚意解决问题”**，否则这次复合的意义，恐怕只是再次提醒你：你们不适合。

最后，关于他问到新对象的说辞，请你记住：说谎是一件“细节描述越多，越容易穿帮”的事情，除非你说谎段数极高、记性极好，不然无论他怎么追问，你都应该只透露这些信息：“是有追求者，对方也很积极，有时候我会跟他出去，但是现在会观察比较久，跟对方还在互相认识阶段。”这样就可以啦，他如果要追问，你只需要说：“可不可以不要一直问这个？我觉得跟你没有关系吧，而且我不是很想跟你谈这个话题。”坦率地表达意见和害怕惹对方生气，是两回事！

错误24 分手以后的他，最近经常跟我讲一些暧昧的话，他是想复合吗？

梦洗说：你错了，言语是最不可靠的东西，有没有行动才是判断依据。

本书“错误16”中那篇教给大家的隔离法，因为很多人还是不了解个中诀窍，就以实际案例来分析。

为了保护客户隐私，我不会原文照贴，在此个案中也不需要。简单来说，双方分手过程还算冷静平和，也不是因为谁偷吃谁外遇的严重因素。我认为很简单，就是男人遇到适合结婚的对象，但是自己还不确定要定下来时，会突然产生婚前焦虑。

男人当然也有婚前焦虑，也会突然觉得：“难道我的人生就要终结在这个女友身上吗？我还想多看看啊！她真的就是最好的人选吗？”

女人们不要觉得男人这样想很可恶，这是无可厚非的，如果你是男人，也会有这种想法。

在此个案中，男方个性比较不成熟，双方都是二十几岁，要特别注意：**男人就算遇到真的很适合结婚的女性，但是自己的“生理时**

钟”没有准备好之前，还是会恐婚。因此，男方最后是以腻了为由提出分手，想试着挑挑拣拣，看有没有可能换一颗更大的石头，整体来说，对女方其实没有很大的厌恶。

女方要求隔离的第一步骤很成功，做到“有尊严地离开”，但是她心里非常希望跟前任复合，毕竟没有无法解决的严重问题，目前因为双方有共同朋友，许多消息经常不请自来，加上她自己会忍不住观察男方状态，造成她经常猜想男方各种行为的“动机”。她说：“老师，我还是很想问你，他做这些事情的动机，我烦恼很久想破头，还是不知道。”

例如：男方会跟亲朋好友说自己解脱了，能呼吸到自由空气，一个人真好！

例如：男方会在网络日志放一些鼓吹分手、放下爱情的歌曲，或是放一些他去吃喝玩乐的文章，借此显示他一个人的生活更美好。

例如：男方会说他之前的交往压力实在很大，他都要配合，现在终于可以做自己（又是一个喜欢配合又不愿意直说的天性的人，造成自我压抑）。

以上举动，我跟女孩儿说那是自我催眠，因为他不惜舍弃每个人都称赞的女友也要分手，难道爱面子的男人也会摆出哀怨可怜的下堂夫模样？当然硬撑也要说自己现在很爽很棒，人生多美好啊！

又例如：男方会问朋友女方的近况，还经常去看她的网络日志，但是不会留言。

又例如：男方听到女方的消息，就会急着打探虚实，追问详情，但是不直接问本人，而是问共同的朋友，共同的朋友再告诉女方，男方在打听她的事。

所谓“关心则乱”，女方真的没有办法对男方的各种举动视而不见，因此所有思绪都困在“他到底想要怎样”的纠结中。

对于我们跟前任在隔离阶段，他表现出的各种诡异行为或是放话叫板，或是好奇打探，或是类似试水温的言行举止，其实从好的一面来说，他还关心我们，心里还存有我们的一席之地，才会有这些“以为我们不知道，但是一定会知道”的行为出现。如果他分手以后，视我们如洪水猛兽或恶魔化身，一定是连名字都不想听到，而且人们对于讨厌的事物会躲避，就算他是想跟我们比较谁分手以后过得更好，那么这也意味着会比较就表示他在意，会在意就表示他关心，因为真正不爱的时候，会是完全的冷漠。

但是坏的一面就是我们会经常受到影响，要是男人真的怕了，从此不敢再接近，至少我们也能完全死心，但就是这种分得不难看又有一丝依恋的局面最难搞，我们的心里会觉得复合有望，男人的心里却经常把前女友留作备胎，这种攻防战比起毫无希望的分手，其实要来得更煎熬。

我这位客户，实在是被搞昏头了，忍不住钻牛角尖，开始跟我陆续汇报“最新战况”，我感觉到她完全把心思都放在猜测他这么做那么做的用意，只好赶快要她踩刹车，因为思考这些动机，是完全没有意义的事情，那是在浪费时间。

为什么是浪费时间？因为动机只是个念头，**就算有再多动机，没有配合我们期待的行动，动机就会像空头支票，摆着看很爽而已。**

例如：你每天会顺路去某家服装店逛逛，要是店家以为你每天会去的动机是想买他们的衣服，就可能产生误会，因为你的动机可能有很多种：

1. 无聊顺便闲逛吹冷气。

2. 等朋友打发时间，顺便照镜子确认仪容。

3. 想看看新款式，但是不想在那里买，只是先比价。

4. 单纯喜欢逛，如果有看到喜欢的而价钱又合理，或许会买。

5. 因为习惯跟店员聊几句，所以会顺便走进去打招呼啦。

只是进入某家服装店，就有这么多可能的动机，要是店员跟你一样，看到有客人进来，就觉得客人的动机是“要消费”，她一定会每天都失望。但要是她认为你每次都不买而摆出臭脸，也有可能毁坏你会在那里消费的“行动”。

思考男人动机的最危险之处，在于我们有可能会被误导。

就算我们没有想错动机，只有动机而没有行动，也没有任何意义。

最好不要经常去思考：“他这样做的动机是什么？他那样做的动机是什么？”因为我们不是他，很难猜到他真正的动机是什么，就算准确地猜到动机，也不一定能诱发他产生行动，在我们猜测动机应该跟着有行动出现，却没有那个行动或不是我们所期望的行动时，我们会非常生气或是深深失望。

后来，我这样回复她：

我觉得他会打探你的消息是好现象，表示他还是“关心你的近况”，但是关心近况不代表好也不代表坏，只代表你和他没有到撕破脸的程度，因此未来有无限可能。

所以，他有在关心你的消息很好，至少比看到你就怕、听到你就烦更好，但是关心不等于“他想复合”，你不应该期望也不应该失望，知道他不是对你完全没有兴趣就好啦！

重点在这里：

要是你把某些消息误以为是复合迹象而当真：不是的时候，你会失望和生气，甚至责怪男方，但是其实他可能是一时兴起而放话，不是真的想复合。

要是你把某些消息误以为他不想复合而当真：也很可能消息有误，或是他只是情绪发言，或是他跟目前对象打得火热没有空想你，但是可能某天在天时、地利、人和的情况下，他突然愿意复合，你要是当作没有结果，说出某些无法挽回的话，不是会搞砸吗？

所以，再回到希望复合最重要的关键：**完全隔离**。完全隔离的用意，其实就是让自己不受外来信息干扰，彻底整理和理清自己跟对方的问题，尤其是要清除对方的磁场影响（男女交往以后，彼此的磁场会互相干扰，进而会影响正确判断），以取回冷静思考的能力。

虽然完全隔离的重点是“被动”，对方若踢球过来，可以视情况回击，但是对于某些不知道应该如何回击的球，全都不回击也是一种做法。

在隔离阶段，确实是“多说多错，少说少错，不说不错”，采取完全的被动，是为了收集足够信息以避免误判。要是我们可以被动到男方忍不住直接开口说："你为何都不回我电话？我还是很想念你，我们复合好吗？"岂不是最十拿九稳？

尤其隔离进行到第二、第三阶段时，一定要锻炼察言观色的能力，分手隔离以后，在男方开始试水温，以各种借口提出邀约，并开始打情骂俏搞暧昧时，如果你还是一板一眼地跟木头人一样，请问他怎么会觉得受到鼓励而有更进一步的行动呢？

你之前怎么跟他成为恋人的，试水温阶段就怎么做，但是可以更保留一点儿，更不置可否一点儿，更冷静一点儿。最重要的是，你要把他当作一个全新的对象，所以不要跟一个认识没有几天的家伙上床，你要把跟他的关系视为"全新的"去经营，他才会因此发现你成为全新的人。

若是顺利复合，请不要再翻旧账，不要管他在之前的隔离阶段"为何这样，为何那样"，你永远不会知道啦！更何况，男人都像小孩儿一样，等到复合以后，你问他："你不是说，不想再见到我吗？""你不是说，新女友比我好很多吗？"我跟你打赌，一百个男人有九十九个会说："我有这样说过吗？我不记得啊……"

女人们，别庸人自扰，**恋爱的必胜法是：跟男人学着点儿，应该神经大条的地方大条一点儿，但是不应该神经大条的地方也不要鸵鸟心态**，例如，把信任误以为是愚忠，两者完全不一样，好吗？所以，信任也要确认！要是你做得到，会发现男人真的不难搞定啦！

犯错语录

◎ 铁打的闺蜜，流水的男人。

◎ 重点不是“如何快速复合”，而是“对方有没有诚意解决问题”。

◎ 男人就算遇到真的很适合结婚的女性，但是自己的“生理时钟”没有准备好之前，还是会恐婚。

◎ 就算有再多动机，没有配合我们期待的行动，动机就会像空头支票，摆着看很爽而已。

◎ 思考男人动机的最危险之处，在于我们有可能会被误导。

◎ 恋爱的必胜法是：跟男人学着点儿，应该神经大条的地方大条一点儿，但是不应该神经大条的地方也不要鸵鸟心态。

错误25 只要愿意乖乖隔离，过好自己的生活，是不是前任都会回头？

梦洸说：你错了，用某些方式跟你分手的男人，根本不需要挽回。

这篇主要是写给脑袋进水（脑袋进水不是病，把这些水倒出去就好）的女孩们做参考，在博客回应某个留言时，我曾经说过："对于男人提出分手和离婚，如果不是牵涉财产和孩子的法律程序，你最好是从善如流，让他走！"

可能是"如何让你的男人回来"（本书中的"错误16"在博客中的原名）实在太受欢迎，让很多需要挽回复合的女性朋友（偶尔夹杂男性朋友）经常向我寻求帮助，但是我虽然写挽回文章，却很少积极主动地去挽回男友，我挽回男友最积极的做法就是"完全不再理他"和"让自己变得更好"。

很奇妙吧？但这就是人性啊！

咨询时，我经常遇到的是，当我提出有效的做法后，却换来客户狐疑的眼光。我必须说，先生小姐们，不是因为你搞不定你的对象，才会坐在我面前咨询，需要参考其他方法的吗？如果你的方法很有用，你的观念很正确，请问你还需要找我吗？

就算我的方法乍听之下很不可思议，甚至让你觉得是反其道而行，可是那些都是经过人性测试和证明有用的方法。所以，除非你的对象是外星人，不然感情世界乍一看很感性，其实却有理性的游戏规则在运作。遵守游戏规则的人，越玩越顺手还会赢得大满贯；不遵守游戏规则的人，已经输到脱裤子，还不知道自己是怎么死的。

针对很多男友提出分手和老公要求离婚以后还死缠不放并积极挽回的女性，我能帮你们的就是提出反论，帮你们把头脑里的水排出去，然后清楚认知“为何我不应该挽回”？

还要跟大家理清一个观念：**“坏人”跟“良人”不一样！**

咨询时，很多女孩儿都会说：“老师，可是我真的觉得他不是坏人啊，所以我才想挽回。”

拜托，我哪有说他是坏人？但是，他不是可以托付终身的良人，这样就很糟糕啊！

这里我要向脑袋进水的女孩儿理清，请听清楚：所谓的“坏人”，是指这个男人刚开始动机就不纯正，就是为了钱、为了性、为了利益、为了利己的自私目的接近你，没有任何爱情的成分（只是他为了控制你，嘴巴上还是会不停地说爱你爱你）。

但是“良人”是指：这个男人有良好的沟通能力、成熟的个性、稳定的经济条件、控制情绪的能力、处理问题的诚意和行动力，我认为以上全部符合才算是良人，不知道怎么选择的人，请参考本书中的“错误 10”，可以帮你选到绩优股男人。

所以反推回来，如果他“沟通能力很差、个性幼稚、经济条件糟糕或是起伏不定、完全无法控制情绪、面对问题不处理不解决、缺乏诚意”，他即使不是坏人，也绝对不是良人。跟这种男人过日子，你会未老先衰，还会因为经常血压升高，进而提早中风。

此外，婚后离异的情况，总是会比较复杂，因此请大家尽量在结婚以前发现不对就及早闪人，并且要培养看男人的眼光，尽量挑个不容易出现问题的家伙嫁，我觉得这个才是“正确流程”！

我经常跟大家说，人生没有百分之百保证不会后悔的选择，但是可以在自己的能力范围里，选一个“看起来比较保险”的选项吧。

所以，我整理出不必挽回男人的情况二十种：

1. 如果他说，你们不适合或是个性不合，听听他的理由，是哪里不适合？是哪里个性不合？

如果是很烂的理由，表示那个不是真正的理由，真正的理由是不能说的秘密，因为有可能会伤害你（嫌弃你的身体不好，或是家境不优越），或是会让他成为坏人（他已经变心，或是其实已婚），这两种后果他都不想面对。因此，这种没有种的男人，就让他滚一边去，谁要和这种男人生小孩儿？你有种就实话实说！

2. 如果他坦承变心，虽然很可恶却是一条汉子，有种！

我历任男友中，还没有出现变心后跟我坦白招认的，这些人真的很不了解我，其实我是不管当时再难过伤心，但是我的自尊不允许自已赖在不爱我的人身边，所以要跟我分手，这是最快速有效的方法。同理可证，赖在一个已经不爱你的男人身边，你难道以为赖得久了他就会爱你吗？他只会越来越嫌你烦又碍眼，而且**阻挡别人寻找真爱，本身就是件很烂的事情。**

你一定会问："他怎么知道新欢就是真爱？"废话，他就是不确定是不是真爱，才需要试试看！你看看他试过你，不就知道你不是吗？（过几年以后，说不定你又会变成真爱。你看那些艺人，总是喜欢分手又复合又再分手，这表示真爱是瞬息万变的啊！）

如果他真的诚实又有种地告诉你，他对你也是爱，也有感情，但是他还需要多比较，跟其他对象交往看看，你更要放手让他去试个痛快，你不要傻傻地在那边学王宝钏苦守寒窑，也去试个痛快啊！他有权利去比较挑选，你为何不可以？如果你要说："老师，但是我很死心眼儿，除了他以外，没有办法对其他男人动心。"我只能说，死心眼儿这个毛病可以治，看你想不想治、要不要治而已，而且大多数情况下，**死心眼儿不需要打针吃药，只需要让自己每天忙个不停，随着时光流逝，就不会那么死心眼儿了。**

3. 承上文，跟大家讲过千百遍，你不让男人感受到彻底失去你，他的人生会变得多么不同，他当然找不到回来的理由。

这是男人提出分手时，你绝对要毫无异议地配合的最大重点。许多两性专家也认为，**分手以前你是个多好的女友，分手以后他就会过得多惨。**

如果分手以后他另结新欢，而且新欢表现得比你更好，此论点就不成立，因为这样表示他不需要后悔，而且若是你跟一个总是会遇到“条件比你更好”对象的男人交往，有时候即使他没有不忠，但是你对自己缺乏自信，以及情敌的潜在威胁，也会让人神经紧张。建议你，如果男方条件超出你很多，你不是提升自己，就是干脆放手，因为要是每天都担忧他会被抢走，自己也不会快乐。

4. 如果他以你不够好之类的理由要跟你分手，而且他是真心这么认为，你可以改进，但不是为了挽回他，而是要扬眉吐气地让他知道“你不是做不到”。

出一口气之后，也找一个比他更优秀的新男友，然后骄傲地告诉他说：“我现在已经变成比当初跟你交往时更好的女人，但是也因此我才会发现，你真的配不上我。”这才是真正的爽啊！

5. 如果他是一个经常换女友、腻了就会提出分手的玩家（定义为：每一段都不超过一年，才叫作不断换女友，或是正宫撑了很久，但是其间不断偷吃也算），要感谢他没有浪费你更多时间！

会做出这种事情的人，不分男女，就是“还没有准备好要经营一段认真稳定的关系”，通常个性也比较幼稚，那种喜新厌旧的心态就像小孩儿拿到新玩具总会热衷一阵子，但是玩腻了就丢在旁边一样。也许他过几年以后会开窍，但是他现在就是还没有开窍。**你是要等到种子长成大树，还是直接找一棵大树？**哪个比较省时省力，应该不必我提醒吧？更何况，这类玩家是女人就算了，还会因为适婚年龄到了开始想定下来，但是很多男人都是浪子，不必等他回头，因为他短暂靠岸以后又会扬帆出海的!

6. 如果他是情绪起伏不定的、动不动就喜欢叫板分手的神经病?

这种我遇过，就是魔王（详情请看拙作《天下女人都会卡的关》之“卡关7”）。请不要有事没事就把分手挂在嘴边好吗？分手和离婚一样，讲多了以后，宇宙一定会实现你的心愿。这种情绪控制能力低，而且喜欢找借口说“都是你不好，不然我也不会生气”“都是你做错事情，我才会想要分手”的幼稚小屁孩，真的是跟他在一起，多一秒都嫌多，除非你自比为苦行僧，很想借由跟神经病相处来锻炼自己“能忍人所不能忍”的坚强韧性，不然跟这类人交往，你必须不断安抚他的情绪，不断自我改进，不断承认自己做错（即使你不知道错在哪里），时间一久，你会越来越不爱自己，自尊低落，而且最讽刺的是，通常这类男人最后会以劈腿或外遇来惩罚你，还会说:“因为你总是让我不高兴，我才会找别人。”这种烂人，他愿意放你走，就要放鞭炮啦，逃都来不及，竟然还要挽回?

7. 如果他说“我对你没有感觉”，或是“我对你只剩下朋友或家人的感情”，或是“我对你提不起性趣”。

我必须说:“男人在感觉上，比女人诚实得多，没有感觉真的勉强不来啊！”经历了各种磨难的我，深知人世无常，有时候你变美了，他的感觉就会回来；有时候你交了新男友，他的感觉也会回来；有时候你们只是几年没有见面，他觉得你“不一样”，感觉也会回来。但是，这些情形都在于：**他没有感觉的时候，你就要离开**！你不离开，他每天看着，越看就会越倒胃口，要唤醒男人的感觉，必须让他耳目一新，而不是每天缠着他说：“你看我今天有没有不一样？”他只要一阵子完全见不到你，你就算一模一样，他也会觉得不一样。

8. 如果他不能给你承诺，又不愿意放你走，怎么办？

这种情况其实经常发生，更扯的还会把分手选择权丢给女方，自以为体谅地说：“要是你不想见到我，我也会尊重你的决定。”但是，很多时候女方不是想分手，而是要一个确定的答案，或是男女朋友的认定，但是有的男人就是觉得一旦给出承诺，好像立刻有千斤重担压在肩上，或是因此丧失和 ××× 等交往的机会（即使人家根本不会看上他），死都不愿意松口。这个时候，比较好的处理方式是：在你终于无法忍受暧昧时摊牌，给他一段时间思考清楚，如果他的答案是，“我还没有准备好”，可以问他是真的吗？还是他觉得自己值得更好的对象？如果他说：“没有，你真的是很好的女孩儿，但是……”听到“但是”，你就可以起身走人，这些都是借口，他心里其实就是觉得：“你没有好到让我愿意定下来”。

9. 承上文，如果你给他一段时间思考，两个人到底算不算男女朋友，要不要交往，他也承诺会好好想想。

记得要定出一个你受得了又不至于急迫的时间，大约一个星期到一个月都是合理范围，然后在约定的时间以前，请你尽可能地消失在他的生命中。之后时间到了，你可以主动询问他的意向，但是一定要有风度，意思是说：如果他非常没有种地躲起来避不见面，其实你也不必再问，他就是不想交往，又很自以为是地“不愿意伤害你”；但是如果他还会主动告知决定，你就应该欣赏他的勇气，至少他愿意跟你讲清楚说明白，无论结果如何，你都要有礼貌地跟他说：“谢谢你真诚地告诉我你心里的想法，短期以内我可能无法跟你继续当朋友，但是我很感激你愿意告诉我实话。”这才是成熟懂事而且会让男人留下好印象的态度，如果你收尾收得漂亮，以后要接起来也比较容易。

10. 如果他提出分手的理由是不想耽误你的青春，你也确实不想再被耽误，就接受他的好意吧！

我不记得在哪篇文章里提过，你如果正经地问男人一些严肃的问题，男人都会说实话，只是女人都会怀疑那个真的是实话吗？判断是不是实话有一个基准，就是对照他的现状，那个说法到底成不成立？例如，男人和女人在面对承诺问题时，最不同的态度就是：女人觉得可以“先成家后立业”，但是大多数尚称实际且不会好高骛远的男人，却会口径一致地认为应该“先立业后成家”。那是因为：如果他真的是一个有担当的男人，他会觉得自己的基础要稳固，至少经济方面无虞，他才会有信心结婚，才会有把握跟你的爸妈承诺，不会亏待他们的掌上明珠。

立业的定义，不是要他做到全球前一百大企业，但是至少要在他认定的程度上，达到“生活质量稳定”，他才会比较敢结婚。要是这个男人的工作时有时无，混吃等死却敢结婚，他就会偏向靠女人，或是觉得：“管他的，结婚就结婚啊，反正有问题，就离婚或破罐子破摔啊！”这种人你敢嫁，我真是佩服！

11. 他不想耽误你青春的情况，也可能发生在他要当兵、他要出国留学或移民、他家中有事情发生（长辈重病或过世、家族企业经营困难、负债累累）、他自己有事情发生（罹患绝症、公司快倒闭）的时候。

如果他是一个有良心的男人，就会在自己跌到谷底时放女人走，因为他一来不想让心爱的女人看到他落魄潦倒，二来不希望女人陪着他吃苦，三来不希望最后女人还是变心或嫌弃他，不如壮士断腕求个痛快。这就是人性，真的爱你的、有良心的男人，反而会在他最惨的时候赶你走！

如果你很爱他，确定自己撑得过去（你最好能确定，否则撑不过去，对他又是二度伤害），也可以对陷入人生转折点的他，表达不离不弃之意，并且实际地提出可行的配套措施，请你不要很天真地说：“我们这么相爱，一定能渡过难关！”这种废话，男人听了以后，表面感动，内心叹息，因为你要表达你可以陪他度过艰难困境，就要有实际做法而不是只喊精神口号。例如：如果他是经济问题，你要能提出你会如何跟他一起开源节流、量入为出；如果是跟家中长辈有关，你要能提出你会如何帮他分忧解劳并伺候长辈；如果是跟他的健康有关，你要能提出你会如何照顾他也照顾自己。这些情况，你都要思考清楚，自己有没有能力做到，因为，让别人从希望的云端重重跌下，是最残忍的事情！

12. 在他焦头烂额时逼迫他，也会让他不得不提出分手。

其实，这个理由和以上的也相关，因为很多女人经常在男人有情况时，不能接受关系改变。例如，他突然忙起来而忽略你，不像以前会立刻回电话和信息，没有办法经常陪你吃饭约会，然后你就“缠”啊闹啊，发小姐脾气要他哄。其实，我很不欣赏女人这么不识大体，我必须说说自己的丰功伟业，包括跟某前任交往一年半见不到十次面(而且不是远距离，我家到他家的车程，大约半个小时)，但是这一年半中，我从来没有闹他“缠”他，或是哭着要求见面，只是把所有的委屈和不安都往心里吞，但是在他的面前，我就是一百分的好女友，成熟、懂事、明理。后来因为内伤太严重，所以我主动提出分手，大概那个时候表现得太过优异，他曾经主动想要复合，只是短暂复合以后，还是不了了之，因为我发现这个人根本不懂得爱。

我知道有很多女人可以忍得更久，但是这里的重点是:“你忍耐那么久，是为了什么？”如果你们很少见面，但是每次见面的质量都很好，你能明显感受到他的在乎关心，也能体会到他的身不由己，很久见一次面，反而是在累积珍贵的回忆。我这位前任，每次见面都给我敷衍的感觉，每见一次面，我都没有感觉到他更爱我，反而更感觉到他的自私，就是因为体会到这点，我才会主动提出分手。

回到主题，如果他没有离谱到对你不闻不问（例如，长达两个月以上都不交代近况，不接电话也不回信息，更无法见面，我认为一个月以内还可以接受)，你就没有理由大吵大闹。人生都有高低起伏，他不能在人生中某个阶段，烦到不想谈感情吗？他不能在人生中某些关键时刻，集中精力忙工作吗？他不能在自己情况很糟的时候，先顾好自己没空理你吗？请大家想想，如果你今天遇到类似的情况，也会想自己先把烦事处理完，再光鲜靓丽地出现在他面前吧？还是你会觉得情人就是应该共患难？觉得应该共患难的人，要先想想自己有没有本事去跟别人共患难，如果你不懂还要装懂，就会像英雄片中的傻笨女主角，没有本事还要去战场，让男主角除了对付敌人以外，还要分神救你，甚至还被坏人掳走当人质，平添麻烦，真是没事找事，也许他一次两次还会救你，要是每次都这样，他就会觉得你是拖油瓶。

13. 如果他的父母不喜欢你，或是他以父母反对为理由分手？

我自己认为，除非你就是那么衰，刚好在不知情的情况下，得罪过他的父母（例如，大甩卖时，跟他妈抢一件衣服)，不然长辈只要尚称明理，应该不会没来由地讨厌你。大体上，被男友的父母讨厌，有三种情况：

因为外形和年纪：太胖、太瘦、太丑、太艳，珠光宝气或暴露性感，穿着不得体，年纪太大或太小。

因为个性：不识相或难缠，嘴巴不甜又不会察言观色，不主动帮忙，太过害羞、畏缩或阴沉。

因为背景：简单地说，就是男方认为你没有门当户对，或是你的家人有欠债、卧病、坐牢的麻烦情况，少数会有男方觉得高攀不上的情形。

以上三种情况很难解决，但是还不到完全绝望，除非你觉得迟早要分手，不想花时间讨好他爸妈，不然好的开始是成功的一半，跟长辈见面时，第一印象非常重要，你必须也应该去创造好印象！

这里说的“讨好”，不是要你去阿谀奉承他爸妈，而是长辈都喜欢被尊重，没有人讨厌听暖心话，所以要是你真的爱他，本来就应该爱屋及乌，不然就不是真爱啊！因为当你小鼻子小眼睛地只看着你和他的两人世界时，你在乎的只有自己的感受，却不在乎他家人的感受，甚至很多更自私的女孩儿还会觉得男友家人不喜欢自己是“他们有毛病”，却完全不想反省自己的应对态度是否得体。

如果你都面面俱到，也帮男友做足面子，也主动去帮忙并嘘寒问暖，也都进退得宜、知书达理，可是男友爸妈还是不喜欢你，可能背后有你不知道的理由，或是你跟他爸妈就是磁场不合。这样太难救了，如果是我会直接放弃，因为同样的工夫我用在其他长辈身上，说不定已经催他儿子提亲，有时人跟人合不来，就像来电一样，完全不需要理由。

还有一种常见情况，就是他拿父母反对来做借口。因为我也曾经用这个烂招拒绝过某些追求者。例如，我跟他约会几次以后，觉得没有感觉，可是对方很喜欢我，我也不想伤他的心，我就会说：“你真的很好，可是我妈妈反对我们在一起，因为……”（某些他无法改变的情况）对方要是识趣就会放弃，不识趣的会说：“让我来说服伯母，让伯母知道我的诚意。”这个就麻烦了，后来我只好不接电话来避不见面。

是不是跟某些女孩儿遇到的情况很类似？所以，他爸妈不喜欢你，有可能真相是“他没有那么喜欢你”，不然聪明的男人会私底下把他爸妈的意见摆平，让你永远不知道，原来他爸妈曾经对你有意见；稍微笨一点的，也会提出来跟你讨论，但是讨论不是为了分手，是为了让你跟他父母的关系改善，是希望你能跟他父母能相处融洽。

因此，如果他以“我很抱歉，但是我爸妈反对我跟你在一起”的理由分手，真的不必挽回！因为，**真正的原因不是他爸妈，而是他没有捍卫感情的勇气，或是他其实没有那么爱你。**

14. 他是小可怜，觉得被你冷落时，就会以分手来对你情感勒索。

最近不知道受什么影响，总是觉得“很爱演”跟“小剧场泛滥”的男人越来越多。我最受不了的就是多愁善感的男人，但是只要不是我男友或老公就OK，但是情感勒索不是只有阴柔的男人会用，很多看起来很MAN又阳刚的男人，也会情感勒索。

通常会耍这种贱招、烂招的男人，有的还具备暴力倾向，女人不可不慎。

回到主题，不管他的外形看起来是不是小可怜，这类男人极度缺乏安全感，占有欲也强，会紧迫盯人，还会可怜兮兮地打电话哭诉说：“你最近对我很冷淡，你是不是不爱我？”（这个台词很熟悉……对了！平常都是女人问男人才对啊？）或者会说：“我真的觉得你不重视我，如果这样下去，我要跟你分手！”（这不是很多女人喜欢用的以退为进吗？用意也是要被哄而已！）

情感勒索都一样，只是可怜虫型的会哀怨地说，暴君型的会咆哮：“你有没有把我放在眼里？你的朋友是重要，但我才是你最重要的人吧！”这些都是不健全的感情态度，他会认为一旦你跟他在一起，就应该放下所有事情去关注他的情绪反应，要把他当作世界中心去打转。

我必须说，很多女人就是这样把男人吓跑的，但是很多男人这样做时，却有更多傻女人会误以为：“他真的很爱我，他说没有我他会死，还说我是他的空气。”

你要是真这样想就真没有救了，快把这本书合上，送给需要的朋友吧！

男人不是一个手机吊饰，挂在那里就可以解决，他会有很多意见，也会蚕食鲸吞你的时间，刚开始或许是甜蜜，后来你会觉得自己好像陷入了泥沼，难以脱身，只能看着自己被吞没，找不到原来的方向。

因此，这类男人若是提出分手，就让他称心如意吧！他叫板提分手时，你可以说：“你说得对，我也累了，或许我真的不够在乎你，我相信你能遇到更重视你的女孩儿。”他当然会提出反驳，说他不是真心想分手，只是觉得你不够爱他（真跟我们女人的戏码一模一样啊）。

希望大家可以有慧眼，选择一个“健全”的对象，因为会情感勒索的人，没有能力去爱人，只是像寄生虫一样，寄生在伴侣身上，吸取原先应该自给自足的养分，而且他们通常很吝于付出，就像一个黑洞，不断剥夺我们的精力与能量。

15. 你们分隔两地，他觉得很寂寞而提出分手。

这个状况，我现在很有资格讨论，因为我跟我的美国人老公就是远距离，而且不是南北，是我在台湾他在美国，够远吧？我们平均半年见一次面，但是每次见面都会相处一到两个月。

我以前绝对不谈远距离恋爱，但是做人真的不要铁齿，谁知道长这么大，唯一我觉得“值得一嫁”的男人，竟然是远在天边的他，但是遇到就要把握，总要努力过，才会知道行不行。

这是因为，我已经不是昔日的脑残公主，早就过了谈恋爱一定要朝夕相处的阶段。在美国人出现以前，我正在愉快地享受单身生活，并且已经做好不结婚的打算，**谈恋爱是调剂而不是正餐**，我每天忙得要命，根本无暇顾及另一半，所以对我来说，很黏人的感情是负担，而不是甜蜜。

所以我觉得，远距离恋爱要成功，最重要的是：双方都“有诚意维系关系，但是各自生活独立”。经常有人问我：“老师，要是两个人都很独立，还谈恋爱干吗？”啧啧（摇晃手指），这就是年轻人的想法，也是很不成熟的观念。

首先，恋爱应该是一个没有不会死但是人生会很空虚的东西，这样的东西在人生中有很多，例如，兴趣嗜好、蛋糕点心、电影音乐，没有这些东西，你会死吗？不会啊！但是会不会觉得空虚？会觉得空虚，但是空虚又不会让人死。

所以，这个才是重点：**健全的恋爱态度，就是要把爱情当作锦上添花。**可是要先有那个锦，不能为了花而生出锦，那个花有没有添，锦还是一样的华美，这个态度才是正确的。

但是，锻炼到这个程度需要时间，大家不要急。如果你知道自己或对方就是很黏人很依赖人，一开始就不要选择远距离恋爱。如果不得已是后来才变成这样，拜现代科技之赐，现在可以用视频软件联系，虽然摸不到人，但是可以通过沟通分享生活来维系感情，因此两个人有许多共同话题就显得很重要。更何况，要是每天都碰得着摸得到，也会加速老夫老妻状态，因此有调查报告显示，远距离恋爱可以延长热恋期，因为每次的相聚都是“小别胜新婚”。

但是，如果男方以远距离为理由，变心或是提出分手，这个只是肇因，而不是真相。今天他会因为你不在身边就变心，将来你怀孕不能跟他亲热也会变心，你要是突然忙起来或是拼事业也会变心，你要是重视孩子胜过他也会变心，你要是赚得比他多也会变心。整体来说，他只是给自己的变心，冠上一个“看似合理”的说辞。长久的婚姻生活，一定会有许多考验，他连这个距离都无法克服，以后怎么承担几十年下来，你们可能共同面对的生老病死？

当然，男人会有生理需求（女人也会有，只是比较可以忍耐），就算他真正魂牵梦萦的是你这块牛排，但是他在异乡也有可能因为饥饿忍不住偷吃汉堡，这不能完全怪他，你应该睁一只眼闭一只眼，因为他想吃牛排时，牛排无法到他面前啊！但是，如果他为了汉堡拒吃牛排，可能他的口味改变了，这个时候就让他走吧，除非他肚子饿时，你可以喂饱他，不然没有理由也没有办法让男人忍受你不在身边他就要饿肚子。忍受远距离恋爱，不是一句承诺就可以办得到。如上所述，双方必须很有诚意，个性又很独立。

16. 他曾经有失败的感情经验，觉得没有勇气去爱人，或是以他会伤害你的偶像剧理由提出分手。

其实，这个理由听起来最像是借口，通常会这么说的男人，不是受伤很深，就是缺少自信，或是想要逃避责任。除了受伤很深确实需要时间复原以外，觉得自己没有能力爱人，无法给女人幸福，可能只是想为自己的不上进找借口，他就是不想累积经济实力、找一个稳定工作、改善古怪的脾气，才会对你说："我无法给你幸福。"

还有一种会这么说的男人是玩家，其实他就是还不想定下来，这种类型尤其喜欢打预防针，大概交往没有多久甚至在交往以前，他就会警告你："我不是好男人，我会伤害你。"我要劝大家，当男人跟你说他是浪子，是玩家，他不想定下来，他都是说真的，除非你比他更放得开，否则要驯服野兽，不是有毅力就可以办到的事情。

还有一种情况是：你对他实在要求得太多，不断碎碎念给他压力，希望他成长，找出时间陪你，赚更多钱……这些压力也会迫使男人跟你说："我不是你想象中的人，很抱歉，我无法给你幸福。"其实，这段话的潜台词是："你不是我想象中的人，可不可以不要改变我？"

总之，如果男人是以这类理由跟你提出分手，其中必有隐情。你知道那个隐情以后，绝对不会认为他可以托付终身。如果他是真的受伤了，除非你有满满的正能量和爱意，又喜欢照顾受伤小动物，不然你已经有很多问题和压力要去面对，何苦再把别人的功课揽在身上？

如果我遇到用这种烂台词跟我分手的男人，我大概只会跟他说：“你慢慢疗伤吧，我只想跟身心健全的人建立关系。”或许很现实，但是青春宝贵啊！

17. 他觉得你很烦、管东管西、太过依赖而提出分手。

女人被提出分手，十之八九都是因为这个理由。从我咨询以来，大概有七成客户的分手根源，都是因为其中一方是无根草的藤蔓型人格，不然就是唯我独尊的女王或暴君，另外三成是遇到原本就不认真或是别有所图的人，或是其他理由。

无论你是依赖型还是控制型，都是不愿意为自己的人生负责。依赖型的中心思想就是，不愿意自己做出任何决定，就是要黏着对方，要对方为自己的喜怒哀乐负责，很像是歌曲《氧气》中说的：“人活着赖着一口氧气，氧气是你。”歌词是很浪漫，但是现实中，跟这样的人交往压力很大！

每个人都有自己的人生课题，准备自己的考试已经焦头烂额，谁还有心思去负责另一个人生？

控制型也是半斤八两，只是态度从柔弱可怜转为强势霸道，但是中心思想跟依赖型相同：“你要听我的话，不然我就会不幸福不快乐。”幸福和快乐，你不能自给自足吗？为何一定要逼迫伴侣配合你的标准成为“变形金刚”，你才会幸福和快乐？

所以这样大家了解了吧，为何我不断强调要自爱、自尊、自重，在可能的范围以内，自己照顾自己（包括物质层面和精神层面），因为伴侣会帮你“分担一些”，可是他没有责任和义务“承担全部”，除非他上辈子真的把你家灭门，或是亏欠你太多恩情，不然只要你是依赖型或控制型，每个人的忍耐都有限度，他迟早有一天会走。

如果你很烦人又管东管西管得很宽，太过依赖人又情绪化也没有安全感，你一天不改习性，就等着有一天他不是受不了你提出分手，就是会变心或是冷淡地逼你离开。我还记得前阵子有个客户说：“老师，但是交往第一年我管他，或是到哪里都要跟，他也没有不高兴，为何后来却因为这样跟我分手？”

废话！瓜熟蒂落需不需要时间？骆驼难道真的是被一根稻草压死的吗？人世间哪件事情不需要累积，感情也是一样，你做对的事情，就是在感情存折中不断存钱，存得够多还有利息。你做错的事情，当然就是一直领钱，领到账户全空，银行也不需要你这个客户了。

被这样提出分手的人，自己想一想，是不是个性造就命运？

18. 如果相反地，是因为你出现严重问题，他不想面对而提出分手，这就很难解决。

因为每个人的价值观不同，感情中的原则和底线也不同，期待另一方完全认同自己的价值观，本来就是痴心妄想，对方能尊重不改变你就算不错，要认同甚至接受，谈何容易？

举几个例子，你离过婚还有小孩儿，家里负债，重病缠身，过去玩得很凶……如果这是已经被解决的问题，我的建议是：不会再度发生就不必提，因为已经解决了，干吗没事找事？

但是，如果这是还没有被解决的严重问题，你就要想一下儿，这件事情有可能影响到他吗？例如，家里负债，如果你正在还债，就完全不要奢望他会帮你还，也不必提，因为你提出来以后，他反而会觉得："你是希望我能帮你分担吗？不然干吗告诉我？"对方无法帮你解决还告诉他，只会加重对方的心理负担。

但若是离过婚还有小孩儿，或是重病缠身，我觉得应该就要讲，因为一来这种事情藏不住，二来对方以后如果发现，会觉得你没有诚信，也会怀疑你还有多少不可告人的秘密。要是你真心与对方交往，有可能会影响到他的部分就应该告知，但不是要你在认识当天就全部告解。比较好的时机点，应该是认识到差不多有诚意交往的时候，再提出来跟对方讨论一下，如果他问你为何之前没有讲，你就说："之前我们彼此了解得还不够深，贸然提出这种事情一定会造成压力，所以我想先观察看看，再决定何时跟你讲。"

坦白以后，有一半概率是他不能接受，但是长痛不如短痛，除非这个问题可以被你完全掩盖，不然有一天事情爆发，他不仅一样不接受，还可能认为你从头到尾都在欺骗。顺便提一下，隐瞒自己交过几个男友不算欺骗，因为这是个人隐私，不关他的事情，而且那些男人都是过去式，请大家记得重点：

不会影响到你和他的未来的过去，就可以不必提。

我知道很多人会说："要是我跟他坦白，他就会离开我，那应该怎么办？”唉，也是没有办法啊！每个人都有权利选择自己想要的事物，就算是有处女情结的男人，也不能说他坚持要处女不对，因为每个人都可以选择自己要不要接受，以及能不能承担。

请记住，一定会有一个可以接受你的问题和包容你缺点的对象，但是你如果不先放开错的，对的就不会进来，与其抱怨对方为何不能接受你的问题，还不如坦然放手吧！

也许有一天，他觉得终于准备好来面对，就会回头也未可知啊！

19. 他就这样人间蒸发，或是连个理由也不给就消失。

我想，这是很多女人心中的疑问，又不是在演韩剧，最好他是罹患绝症不忍心伤害我们才不告而别。

我自己遇到过的有三种情况：

A. 前一天还好好的，隔天就突然电话不通找不到人，完全地人间蒸发。

B. 也是找不到人，电话也不接，但是如果真的要找，还是找得到，只是我觉得何必自讨没趣。

C. 属于慢慢消失踪影的类型，真的要缠着他，也不是不可以，但是会搞得这么没有尊严，就不是我啦！

想要更了解失踪男的朋友，我在《天下女人都会卡的关》之“卡关 8”中有深度分析，可以参考以帮助判断。

犯错语录

◎ “坏人”跟“良人”不一样！

◎ 阻挡别人寻找真爱，本身就是件很烂的事情。

◎ 死心眼儿不需要打针吃药，只需要让自己每天忙个不停，随着时光流逝，就不会那么死心眼儿了。

◎ 分手以前你是个多好的女友，分手以后他就会过得多惨。

◎ 你是要等到种子长成大树，还是直接找一棵大树？

◎ 他没有感觉的时候，你就要离开！

◎ 真正的原因不是他爸妈，而是他没有捍卫感情的勇气，或是他其实没有那么爱你。

◎ 谈恋爱是调剂而不是正餐。

◎ 健全的恋爱态度，就是要把爱情当作锦上添花。

◎ 不会影响到你和他的未来的过去，就可以不必提。

错误26 我知道他对我不好，可是我无法失去他，我觉得自己很没有用。

梦洗说：你错了，每个人都经历过没有用的阶段，重点是你有没有想要变强。

本书“错误16”所教授的是，如何通过隔离法使前任回心转意，确实造就了许多成功案例，但是就像我经常说的，人生就是无常，所以复合以后还是会有问题产生。

我不可能在书里剖析每种情况，毕竟我不是写电话簿，所以就依靠缘分来分享几篇网友的留言，这是其中一篇。

网友留言：

亲爱的梦洗老师，上个星期我去他家，并且留宿了三天两夜。前一天，他因为有工作上的问题要问我，总算主动打给我，还记得关心我有没有吃晚餐。

第一天晚上，的确等到他实在忍不住想上床，就顺势复合。结果我自己不安心，三天之内问了很多次，旁敲侧击地说：“愿意照顾我吗？这样算是复合吗？”他回答说：“嗯！”后来，他无奈地说：“你已经问了很多遍啦！”

然而，回来以后，他不会主动关心我，或是打电话给我。我发信息给他，除非有要求要回复，他才会回复。我要求他打电话给我，他也会打电话给我，可是跟以前的热度差很多。就算我发“想你”，他也没有回音。我不知道我可不可以跟他讨论这件事情，虽然我好像也不知道要如何开始讨论。

他答应复合让我很开心，可是之后他很被动，感觉不知道要怎么建立相处模式。请老师提示！

梦洗回复：

分手以后的复合关键，在于男人忍不住要上床时，就是顺势提出复合的好时机，你这点也确实做到了，但是后面表现得整个很弱，弱翻啦！

拜托，上床虽然是促成复合的筹码之一，可是却不是万灵丹。等到对方承认复合以后，自己的心态要记得是你愿意跟他复合才上床，而不是他跟你上床以后“可怜你”才跟你复合，两者的态度和自信差很多。

如果你是个好女孩儿，可以跟你复合，是他要放鞭炮庆祝的事情，他才应该是那个提心吊胆不知道你会不会隔天反悔的人！

你后续的表现整个弱爆啦，这种一直追问到底有没有复合的态度，充分向男人传达了两件事情：第一，你很怕他会反悔，因为你觉得自己不够好，害怕他再度抛弃你；第二，你不认为他是真心想复合，说不定还怀疑他是不是玩玩而已，这样会让男人疑虑你是不相信自己还是不相信他。毫无根据就怀疑男人，通常都没有好下场。

不要跟我讲，有根据啊，就是他对我很冷淡……

即使他刚开始的动机是"无鱼虾也好"，想要暂时复合，以免身边没有女人，但是你后续的应对态度，可以让他改变为对你另眼相看，而不是又被玩弄。

无论是在交往的哪个阶段，都有一个容易遵守的原则，就是：**如果他冷淡，你就要比他更冷淡。**

请牢记我在博客中讲到口水都要干掉的几句口诀：**"谁在乎，谁受伤。""与其黏人，不如被黏。"**这些都是用来应对大多数雄性荷尔蒙分泌正常的男人的。

这些原则，只有遇到比女人更黏人、更情绪化和疑神疑鬼的男人时，才会破功。但是话说回来，有自尊的女人，不会想跟这种男人在一起，那是浪费生命。

所以，要是他持续冷淡和被动，你就应该跟其他对象约会；要是他无预警地冷漠疏离超过三个月，你就应该跟其他男人交往；然后在他下次心血来潮联络你时，跟他说："哎哟，你三个月没有跟我联络，我以为我们已经分手，我已经有新的交往对象了，以后不要再打电话来骚扰我，拜拜。"

这才是有自尊、有智慧、强大的女人会做的事情！

还有，男人们，也不要认为是我教坏了女人。我这么说吧，在商业市场上，你敢对客户、老板这样忽冷忽热爱理不理吗？你不敢吧？

所以，我只是把商场上和工作上的道理，搬到感情经营上而已，如果你珍惜这个女人，本来就应该把她当作客户、老板来看待，不然她就会离开，把生意给别人做，这样非常合理啊！

在女人这边，你如果把自己搞成低声下气才可以接到订单的傻笨业务员，男人会瞧不起你，悲悯可怜你，也是非常合理啊！真正厉害的王牌业务员，卖的都是专业知识和优良服务，而不是依靠逢迎和人情来维持业绩。

这个网友后来又留言：

亲爱的梦洗老师，上次跟您说，他口头复合以后，我们大概两个星期见一次面。有时候，他每天会主动打电话给我，但是只有一通，如果我想要故意变成两通，主动打电话给他，他也不会接，发信息也不会回复。

他对我的态度跟之前我是他女友的时候不一样，觉得不是很投入，经常不知道他到底怎么想，又忽冷忽热，但是我好像不应该质问他，我们的关系到底是什么？

但是，我知道他经常联络另一个女人。

我已经在他说愿意复合的时候和他发生了关系，现在好像收不回这个权利。有时候我不同意他，他会说：“你是不是不喜欢我？”

现在怎么办，我很弱，很希望男友对我多用心，还有那个第三者，应该怎么对付？

梦洗回复（部分数据来自面对面咨询过程）：

你跟他之前的交往模式，本来就是他几乎完全不付出，都是你在约他、定时间、决定约会行程，有时候还是自己付钱，试问这次即使复合，他怎么会觉得要改变交往模式，变成自己要主动积极？

男人都一样，遇到千载难逢的真命天女时，就算腿断掉，也会爬起来要电话。如果你们的关系模式是你主动他被动，想要从头改起，谈何容易？你在复合当天，也没有跟他谈好条件，就昏头昏脑地上床（“错误 16”有写，对于过去交往中你不满意的部分，一定要沟通清楚，如果他愿意改，才可以复合）。上床之后才来跟他谈条件，他当然不会答应，就像“货物既出，概不退换”一样啊！

因为我们不愿意上床就指责我们居心的男人，就像去偷去抢却又装作自己弱势可怜、希望警察放过他的人一样，只是心存侥幸而已。

他如果不答应，那么有自尊、有智慧、强大的女人，就会立刻甩头走人，但是，要有礼貌地离开，不要破口大骂。

前任不愿意配合我们开出复合条件的正确步骤，一样要继续隔离他，隔离到他愿意接受复合条件为止，不能跟他发生亲密关系，也不能主动联络他。如果他以为应该已经复合，打电话问你怎么都不理他，你就要说：“因为之前跟你说过的那些事情，你不是说自己很难做到吗？我想，如果你做不到，我们迟早还是会分手，何必要复合？”

他要是恼羞成怒，觉得你用条件去压他，就要冷静地说：“你需要反应这么大吗？是这些问题不解决，真的没有办法继续交往，我已经拿出诚意，我希望你也拿出诚意。毕竟，我们好不容易走到这一步，只是要你更努力，有那么困难吗？”

他要是依然抵死不从，就继续冷冻他和隔离他，要是他从此一去不回，你就哭一哭，然后放下他，认识新对象，交往新男友，才是正确做法！

不过，聪明的女孩们，提出复合条件也要有分寸，不要漫天开价。例如：你不应该在复合的当天，逼他承诺要娶你，或是见你父母，或是把财产全部给你，或是要照三餐问候你，或是这辈子都不能对你生气，或是永远不能跟其他女性说话……请你提出真正具有建设性以及他应该可以做到的条件。

我个人认为，以他之前对你那么爱理不理的程度，他还愿意打电话给你，你就应该满足，男人本来就分为喜欢讲电话和不喜欢讲电话的，你应该珍惜自己现在拥有的，而不是把焦点放在还不够、还不够。

你也知道自己弱，已经弱成这样，我还可以怎么帮你？我又不能代替你跟你男友恋爱，你自己无法强大起来，被男人吃得死死的，真的只能认了。

至于劈腿应该如何处理？有自尊、有智慧、强大女人的做法，其实就是摊牌，但是要理性冷静地陈述事实，以及稳定和控制情绪，才可以获得力量。

首先，你必须掌握真凭实据，才可以摊牌，最好把他跟对方暧昧的信件和信息都拍照存证（智能型手机真的很方便），但是关键证据绝对要露骨，例如，“我身上还有你拥抱的体温”。这种一看，就知道关系匪浅，若只是“很想你”或“今天可以见面吗”，都不算是有力证据，即使是不会说谎的男人，也可以轻易圆谎。

确定有关键证据以后，就可以摊牌，如果他敢恼羞成怒或是抵赖，当场跟他要手机，拨打给劈腿对象，然后潇洒地说：“你好，我是 ××× 的女友，这个 × 人以后送给你，我不要啦！”

如果你还要这个男人，就在摊牌以后要他立刻处理，他不处理就分手，他要是真的不处理，就有尊严地离开，删除所有联络方式，再也不理这个人（已婚不适用，因为更复杂，难度也会更高）。

但是很多女人都做不到，都怕失去这个男人，要是这样我也束手无策了，因为**可以制住所有男人的终极无敌绝招，就是可以没有他，就是可以离开他**！这就是为何你应该有自己的生活圈、重心、经济能力的原因。

只要做得到这一点，无论哪个年龄、行业的男人，都会尊敬你，都不敢挑战底线，因为他知道你会离开，而且说到做到！

如果你是个弱女子，也可以有弱女子的方式，就是认定了自己弱，认定了自己就是非他不要，认定了自己没有尊严也要爱他，认定了自己就算是他的暧昧对象……也还是傻傻地爱他，那你就别要求太多，因为那些是意志坚强的女人才有本事要的。

我从来不觉得，女人就必须依靠男人才能获得幸福，我只觉得，这一切都是来自你的个性和习性。

所以若是愿意去改变，改变这个给你带来不幸命运的个性，你就不会落入悲剧循环。

改变个性和习性当然很困难，我也改不到一半，但是若问我改变值不值得？我会说：“很值得，过程非常痛苦，但结果是欣慰的！”

不要再把个性当作借口，你要带着破坏感情的个性过日子，还是去改变？

自己思考吧，可以独立思考找出答案，也是成为幸福女人的必要条件！

错误27 男人怎么都是到手以后就不珍惜啊，干脆让他永远得不到好啦！

梦洗说：你错了，这是普遍的人性，我们女人也会这样。

一段感情，除非双方都心生厌倦同时提出分手，否则必然有甩人和被甩的一方，即使大家都腻了，认为没有必要继续，分手以后先建立新感情的一方，总是会让另一方感到不是滋味。

这些情绪经常让我们无法真心诚意地去祝福前任得到幸福，忍不住会酸葡萄地猜想：那个新对象真的比我更好吗？他怎么可以这么快就走出我们的回忆？难道他从来没有真心爱过我吗？

以我自己的经验，**越是懦弱自卑的一方，越会在一段感情结束以后，迅速投入下一段感情**；越是对自己没有信心的人，越会在关系以外找备胎，给自己“买保险”。

为什么我敢这样说？因为我以前就是这样的女人。

我总是一段感情结束以后，就迫不及待地立刻找递补，现在我很清楚那个时候的心态，其实是不相信自己竟然会搞砸，对自己的魅力产生了怀疑，对那个“不要我”的家伙不甘心，想要向他证明：我不是没有人要，我很抢手！

当年的我，总是被妈妈教训说：“你应该把空窗期留得更久些，把上一段感情学到的教训，全部整理清楚和消化完毕，知道失败的原因以后，再投入下一段感情。”

但当年的我总是听不进去，认为新的恋情就是疗伤最好、最快速的方法，甚至跟某任男友，还是两个刚与前任分手的人互相疗伤。直到现在我才明白，什么互相疗伤，两个伤口还没有愈合的人搅到一起，只是增加新的伤口而已。

找备胎的心态，也好不到哪里去。当年的我，仗着异性缘好，经常在男友之外还保留许多追求者，看起来好像这个没了还有下一个，但是我现在想起来，觉得极为可悲，因为这样不是已经事先预设感情绝对会失败吗？

让男友知道自己有很多人追求，虽然可以让他提高警觉，但是如果我当时有强大自信，我不需要依靠追求者来让男友有警觉心，我从言行中散发出的坚强和力量，以及了解自己的目标和方向的态度，就可以让男友有所警觉。**当男人知道他随时可以被你排除在外，他才会以认真的态度去面对你们的关系。**

以上描述的状态，不是女人才会有，许多男人也在做类似的事情。层次比较低的男人，或是暴力倾向比较严重的男人，就会在女友离去以后来个同归于尽，或是“我得不到，别人也休想得到”而辣手摧花。很妙的是：同等级的女人，大多数采取自残，一哭二闹三上吊。相较之下，迅速投入新欢怀抱的疗伤方式，还算是健康的。

其实，也不能责怪这样的心态，失恋当然痛苦，被甩更是锥心刺骨，如果不知道感情为何失败，对自己没有强大自信和人生目标，立刻找新欢就像吃止痛药和安慰剂一样，确实可以收到暂时舒缓之效，还可以从新欢的浓情蜜意中找回自信，觉得前任真是瞎了眼，你看这个人有多么爱我？

但是，这样只是暂时舒缓，感情之所以这么痛，就是因为自己的习性不改，问题始终在那里，就像一个病灶。有时候，新恋情也像止痛药一样，让我们产生伤口不痛的错觉，除非我们永远不要跟任何人谈感情，不然我跟你保证，一旦深入下去，还是会戳到那个病灶，旧事还是会不断重演。除非你彻底学会抛弃不良习性，不然一辈子都会在类似的问题上打转，并且总是会遇到内心有黑洞的对象，因为心态健全的人，无法在这种病态对象的身边待很久。

这就是为何长久以来我不断强调，从根本上调整我们的心态，比使用任何技巧都更有效。你是个怎样的人，就会吸引怎样的人；你自己越是健全，越是可以把妨碍成长的积习改掉，越是可以清楚地看出，接近你的对象是同道中人，还是内心有黑洞的人。如此一来，就不必担心遇到“不适合的人”。

我们自己并不完美，所有不良习性也不可能立刻拔除，但是每修正一个坏习惯，我们的感情体质就会越健康，遇到的对象也会距离“理想伴侣”越来越近。我的人生真的是“下一个男人会更好”，不一定是世俗或物质条件上的更好，但是在心灵层面，在品行道德方面，都是后面的比前面的更进步。再不然，他们也是为了帮助我改掉某个习性而出现的老师，以结果论，他们帮助我更完美，更了解我想要的理想伴侣的雏形。

相较之下，男人比较容易会劈腿搞外遇，甚至另结新欢且速度惊人（男性同胞，抱歉，这是比较值，不是绝对值），我们女人要多体谅，因为从古到今，许多科学家、心理学家、社会学家、人类学家，针对这些差异提出学说，除了雄性本能是后代越多越好、有到处繁殖的天性以外，男人其实比女人更没有安全感。这个安全感不是爱情与关心，**男人没有安全感是因为：害怕被遗弃，害怕没有人照顾自己。**

心理学有一派就说，男人从子宫诞生以后，剪断脐带的被遗弃感，让男人在潜意识里，想要回到女人的子宫，重温泡在羊水中的可靠感觉。所以现在看到花心的男人，与其说是猎人追寻猎物，我感觉比较像是没有断奶，需要复数的妈妈让他随时有奶喝，这类男人也可能辩称自己从小被爱得不够。

在“错误 19”中，我写最后的情书的那个前任回到前女友的身边以后，无论那个女孩儿是因为自己不要的别人也不能抢的理由而夺回，还是我的前任因为得不到而不甘心，所以选择回到她身边，我现在真的非常释然。这两个人如此相像，都以执念为出发点采取行动，配在一起再适合不过，反而是我这个无欲无求的态度，就像是个局外人。看吧！生命就是这么奇妙，你以为你失去了，后来会看清楚，你只是离开一个不属于你的地方。

再说到那个和我互相疗伤的前任，我跟他分手以后，听说他接连换了好几任都维持不久。我知道在我之前的那个伤他最深，因此无论是我还是后来的，都只是他的止痛药。他要是不正视自己的伤口，就会不断地遇到感情体质不健全的对象，我虽然看着心疼，却也是无能为力，因为所有改变都必须从内在出发，没有任何人可以去改变别人，那个人之所以会改变，是因为他内在同时产生改变的意念和需求。看我文章的女孩们，会得到力量去改变，也不是我改变了你们，是你们自己愿意改变，那个契机就会出现。

有很多女孩儿问我，为什么我可以毫不留情地决然离开，并且永不回头？

以前笨笨的我，也有许多分手又复合的把戏，但是现在除非某个前任脱胎换骨到让我傻眼，不然要我吃回头草，概率真的很低，现在我更坚定自己这样做的决心，也是因为听过某个两性专家说：**“在遇到最棒的男人以前，要先让自己成为第一等奖。”**

第一等奖，不是放弃说不要领之后还可以后悔。第一等奖，会是一副你要就来拿，不要也还是等在这里的模样吗？要是这么简单，就不会是第一等奖。

我们自己的价值，不是在于多会赚钱，也不是在于学历多高、能力多好，或是家世背景多显赫，**可以成为第一等奖的女人，只是“自我永远比爱情更重要”。**

把自己当作第一等奖，任何男人跟我们的关系，只有一次机会，无论是因什么理由分手，只要我们知道自己尽力没有遗憾，失去就失去吧，同一个男人再也没有机会跟我们有亲密关系（可以打扮得光鲜靓丽去喝咖啡叙旧，但是要让他看得到吃不到）。这样比起反复分合更会让他舍不得，因为比“看得到吃不到”更让男人惋惜的是：本来每天吃，吃到都腻了，但是有一天，无论花多少钱、出多少力，却再也吃不到了。

我们也要让自己越来越美味，即使前任当年已经吃到没有感觉，也会开始美化回忆。**回忆中的我们，本来是香菇，当他们知道再也无法吃到时，我们就会变成松露。**

这就是为何大家都会说：“得不到的东西，总是比较好。”

即使是鱼子酱、鲍鱼、排翅、霜降牛肉、松阪猪肉，没有吃到之前，我们会充满想象，想象它的美味，入口以后的滑嫩，跳跃在舌尖上的鲜甜，但是在入口的那一刻，兴奋已经减低，在吃的过程中，慢慢觉得虽然美味，但也就如此了，吃完以后，享用珍贵食材的唯一剩下的意义，只是跟旁人炫耀说：“我吃过霜降牛肉，还不错！”就像《料理东西军》中，赌输的一方只能干瞪眼，享受美食的一方，吃完抹抹嘴巴，一觉起来还不是春梦了无痕。

再昂贵的食材，要是每天吃，兴奋和感动迟早会麻痹（就是所谓的“审美疲劳”）。

所有得不到便最好的念头，正是在于永远得不到。永远得不到，永远有无限的想象。张爱玲在《红玫瑰白玫瑰》中，已经传神地描写出这种心态与无奈。

想象当然比现实美好，在想象中，初恋情人即使是大饼脸，也会变成白富美。我们经常在感情不顺利时，“误以为”前任比现任更好。事实上，前任唯一比现任好的理由，只是没有在身旁让我们心烦而已。

不管你的前任，是否一个换过一个去疗伤，只要让他这辈子再也得不到你，你就会无可取代，因为世界上没有完美的人，但是有完美的幻想。

经常想起小时候，眷村巷口外面，小摊卖的蛋炒饭。在回忆中，总是粒粒金黄，香味扑鼻，现在想起来，只是因为我再也吃不到，才会如此眷恋。

蛋炒饭嘛，又不是黯然销魂饭，会有多特别？

各位，这就是人性，这就是人性啊！

犯错语录

◎ 如果他冷淡，你就要比他更冷淡。

◎ 谁在乎，谁受伤。

◎ 与其黏人，不如被黏。

◎ 可以制住所有男人的终极无敌绝招，就是可以没有他，就是可以离开他！

◎ 越是懦弱自卑的一方，越会在一段感情结束以后，迅速投入下一段感情。

◎ 当男人知道他随时可以被你排除在外，他才会以认真的态度去面对你们的关系。

◎ 男人没有安全感是因为：害怕被遗弃，害怕没有人照顾自己。

◎ 在遇到最棒的男人以前，要先让自己成为第一等奖。

◎ 可以成为第一等奖的女人，只是"自我永远比爱情更重要"。

◎ 回忆中的我们，本来是香菇，当他们知道再也无法吃到时，我们就会变成松露。

错误 28 因为分手，我快要罹患抑郁症，我觉得坚强是天生的，后天学不来吧？

梦洗说：你错了，我也罹患过抑郁症，放不下很正常，但是活着还是要向前走。

这篇是写给所有放不下的女孩儿的。

自从我写“如何让你的男人回来”（本书中的“错误 16”）以后，一直不断有女孩儿跟我求救，希望男友回头。大家的焦点，是放在“让他回来”，而不是“先放下”。

虽然我理解，要是已经放下，也不会来求我提供建议，但还是不禁担心，是不是我没有讲清楚？

步骤中的第一阶段隔离期，其实是为了让你们因为“眼不见为净”而可以放下对方，但不是要大家在隔离期，不断让自己的妄想无限上纲或是加油添醋。

因为分手这件事情，你越是日思夜想，越是忘不掉也甩不开。

事实上，我也讲过很多次，**分手的理由最不重要。**

你问问自己，如果是自己主动提出分手，有勇气说出真正的理由吗?

我自己认为，变心还算是最合理的分手理由，虽然刚开始无法接受时，会很想追问他:“到底那个女人哪里比我好？”但是事实上，大家也知道，跟谁好谁不好没有关系，不爱的时候，还怕鸡蛋里挑不出骨头吗?

因为，移情别恋不一定会否定对方的价值（虽然谈分手时，经常把理由推托到对方价值上)，但是有些理由确实很肤浅。例如，身材不好、不漂亮、年纪太大、经济条件差、生不出小孩儿、工作没有前景，甚至可以牵扯到生活习惯和亲戚朋友。

我觉得，与其嫌我这里不对那里不好，我还是比较愿意接受对方是爱上了别人，因为那些现实因素，有些可以改进，有些却是除非重新投胎，否则就是无法改变的。当你把跟对方交往以前就知道的事情，拿来当作最后提出分手的理由，会不会太牵强?

女人提出分手，经常是觉得跟男方继续过下去看不到未来，但是很少有人会白痴到直接说:“因为你没能力，所以我要分手。”男人无论真正理由为何，都不愿意背上负心汉的罪名，为了求得心安，就会把责任推到女人身上，很少会承认是自己变心在先，虽然不是没有勇敢承认的英雄好汉，但是这个世界上会自首的小偷还是少数啊!

我以前被男友提出分手时，也会难过生气并追问理由，但是问完以后，抓狂几天就算了，反正他就是想分手，理由不重要。

可能我比较豁达，不会让问题持续困扰自己，要是问完以后，还在纠结“他说的是真的吗”“他在骗我”“把我当作白痴吗”，一直想个没完，甚至不断收集信息，想要求个水落石出，这会让我都觉得很累。

想要知道真相，是很应该、很正常、很合理的行为，但是无论真正的事实为何，其源头只是“他不爱你”这么简单明了。可以去追求真相让自己释怀，并且当作真正了结，但是搞过头就是自找麻烦。

而且，我不记得有跟你们说过烂人值得挽回，要你们在分手以后，先与对方隔离一到三个月，就是要你们去冷静思考，他到底是不是烂人？这次分手，我要负哪些责任？他要负哪些责任？如果确定自己没有做出任何过度的行为，答案只有二选一：

1. 你们不适合。

2. 不管你多好，他就是不爱，你的好对他来说，没有意义也不重要！

每个人都会成长，经营博客咨询以来，我也在不断经历感情的风暴与洗礼，也增长了更多的见识，体悟到无论我们还要不要他，都：

先不要，先放下，甚至当作他根本不存在了，才是对自己和对方最好的方式。

可以跟前男友分手以后，立刻心无芥蒂地成为朋友，除非是你主动甩掉对方，或是因为某些利害关系，相互还有利用价值，如一起做生意等，继续留着他当朋友。不然就是你虽然被他甩掉心很痛，但是假装潇洒当朋友，只是因为你不想彻底离开他的生命。

但是，以我看过的几百个例子，留在他的生活圈中，真的有百害而无一利。

就算逼不得已在同一家公司上班，逼不得已是邻居经常见面，逼不得已是同学要一起上课，但是对待前男友的态度，就是不能跟以前一样亲密热络。

不是要你恶言相向，或是摆脸色给他看，而是要制造距离感。

如果分手是他提出的，你没过几天就不在意地跟他靠近，这样不是风度，而是不尊重自己受到的伤害，对方也不会发现到“他伤害了你”。

请你以行为（拒绝跟他联络、冷淡、客气、不关心）来表现出你确实是受到伤害！

有个苦恋男友的女孩儿写信给我，碍于当事人的隐私，不方便将她的故事刊出，但是我可以说，她的男友劈腿偷吃、给女人养、她为他堕胎……各类过分的情节全部发生过，然后就像很多女孩儿一样，她因为巨大的痛苦始终走不开，甚至男友几次提出分手，她还是放不下。

因为我跟她的名字很类似，她觉得我跟她“同名不同命”，她可能误以为我身为两性老师，感情路会很顺利。

所以，这一点我特别提出来澄清。

以下是我的回信：

妹妹，你真的错了，谁跟你说，我的命好啊？

你知道我的感情路有多崎岖吗？

初恋男友瞒了我一年多，我才知道他已婚，只是老婆住在国外，而且他不是只有我一个女友，和我只是玩玩而已。

之后遇到天生多情种，我跟他数度分合，每次都是抓到他跟其他女人交往，最后我是真的累了，才决定跟他断绝联系。

后来，我以为终于找到真命天子，因为他完全符合我的理想，我们的价值观和兴趣都很契合，因此我对他全心全意地付出奉献，结果到最后，他竟然说他不喜欢我这样极力讨好他，让他觉得压力很大，分手后没多久，他就和别人同居了。

这次分手以后，我罹患抑郁症，连续的感情打击，让我看了一年医生才慢慢治好。

而后遇到魔王，有严重控制欲和暴力倾向，每天要打N通电话追踪我，不准我穿得太性感，不准我跟朋友见面，不准我有任何异议，不然就是一顿臭骂，我好几次差点儿被打，幸好老天保佑，最后彻底地和他分掉了。

再后来我真怕了，所以选了一个事业有成的男人，但是交往一年多，见不到十次面，电话更是少得可怜。分手以后，如果不是让我发现他离过婚也有小孩儿，还有个交往已久的女友，可能会傻傻地继续当小三等下去。

现在，你还会觉得我的命好吗？

应该没有几个女人，可以承受一段接一段的感情，全部都无疾而终吧？

我不会假清高，说自己没有谈过很多恋爱，因为没有足够的感情经历，根本不可能去教别人。

除了被逼去做特殊行业、遭遇家暴、帮男人借钱负债、堕胎这类负面行为，我还有清楚的头脑去避免以外，我在感情中受的苦不比大家少，而且每次都是要学习完全不同的功课。

只是，经历了这些往事以后，我就放下了，不会让它阻碍我前进的脚步，因此我很少主动跟朋友提起。

但是，感情不顺利，是我的错吗？可以说是，也可以说不是。

因为，关系中的双方都有责任，我们共同造成所有的因果，对错其实并不重要，因为发生的事情已经发生，去追究对错，也不会逆转时空改变现实。

引用心理学大师荣格的话：

“没有一种觉醒不带着痛苦。”

我们生而为人的目的，不是为了享福，而是为了体验。

在体验各式各样的痛苦经历中，你会认识到世间无常的本质。

唯有不执着在任何处境，无论喜怒哀乐，才可以活在平静喜悦中。

不执着于快乐，失去快乐时无所惧怕。

不执着于痛苦，痛苦来临时勇敢承受。

没有其他途径，唯有放下而已。

也许你会好奇，我怎么还可以如此积极乐观，并且以自己的经验去教导别人？

除了这是我投胎以前就帮自己设定的使命之外，更是因为“生命会自己找出口”。

当我们处于极端痛苦的情境时，往往也是可以大幅度地成长和认识自己的契机。

你才谈了一次恋爱，才经历了一个男人，因此会误以为我很好命，在爱情中无往不利。

但是事实正好相反，而且如果不是相反，我什么东西都学不到！

因为越后面的感情，我越是会警觉地修正以往的错误，把我跟对方的关系调整到最好。

但是，一定还会有其他考验吧，因为人生就是这样，关关难过关关过。

或许也会有人觉得，我的想法太乐观，是自欺欺人，而且是一厢情愿。

但是，就像电影《美丽人生》的剧情，**要是将残酷现实包装为前进动力，将所有幻灭当作是正面启示，自欺欺人又有什么不好？**

我坚定地相信，我爱过的每个男人，都曾经爱过我，这让我不会后悔，觉得那是值得的体验，总比陷在遇人不淑、怀疑自己被诅咒的黑暗想念中好吧？

痛苦过后，我越来越明白这些考验的用意，无非是要我专注在当下。

人生无常，如果你试图阻止它改变，不仅徒劳无功，还会让所有改变的力量强大累积到瞬间爆发，到时候会痛得更惨。

你跟男友的状态，就是因为你不断地抗拒改变，所以他只好越来越坚持，非要分手不可。

越害怕失去的人（抗拒被遗弃的感觉），越会不断在人生中遭遇到各种失去（人、事、物都会有）；越害怕真心去爱人的人（抗拒被伤害的感觉），越会不断遇到不爱他且伤害他的人，或从不断伤害别人中加强自己是坏人而不值得被爱的信念（可怜之人必有可恨之处，反之亦然）。

因为，所有的负面思想（恐惧、忧虑、愤怒、悲伤、憎恨、不安等），都会像回力镖一样，回到我们自己身上。

越是不想经历，上帝越是要让你经历，的确让人很想骂脏话，但是于事无补啊！

可喜的是，一切作用于正面思想的也同样回到我们自己身上：你带给别人快乐，自己就会快乐；你帮助别人，当你消沉时，就会被别人帮助。

但是，“动机不纯正”的正面行为，例如，爱对方是为了被爱（他以爱回报，只是证明他的人格，但不是他应该爱你），付出是带有希望对方回报的期待（他相对回报，只是证明他的人格，但不是他应该回报）。

这一类行为，表面上看起来是爱，深层意识却极为负面，因为那个深层意识还是害怕失去。

害怕失去的同时，也等于阻止对方活出自己，但是一个人永远无法长久地囚禁另一个人的心灵，所以到最后，我们只会感到痛苦的挫败和强烈的沮丧。

但是，无私地付出爱不等于牺牲，也不等于放弃坚持和失去原则。

这个分寸很难掌握，我也是边做边学，因此在能力不具足之前，我还是希望大家以保护自己为优先，不要急着无条件付出，还没有学会走路就急着跑，会搞得遍体鳞伤的！

而我的感情路，为何这么坎坷？

我的认知是：一个只会写论文研究学问、看一堆医学书籍的医生，无法成为真正的名医。

因为理论和临床绝对有差距，没有进过手术房去实际演练，不会知道差距在哪里，纸上谈兵有其局限，所有具有开创性的洞见，都不是闭门造车所习得的。

恕我直白地说，有些专家的文章就是这一类，没有深度，因为他们没有身体力行。

或许那些专家看过很多两性书籍，听过很多爱情故事，然后东拼西凑，整理出自己的想法，但是这类文字看完以后会觉得很空虚，因为里面没有灵魂。

我的每个经验，都是用血泪、真心、痛苦、青春换来的，所以才会准确有效，才会讲到大家的心里。

一个好的医生，本来就要从治疗各种疑难杂症中，让自己的功力越来越高，所以我不喜欢被称作专家，专家感觉很权威，我喜欢被称作老师，因为老师可以跟学生教学相长。

很抱歉的是，通过老师提供的经验，你最多可以打预防针，而你应该接受的考验，还是一个也不会少，没有人可以代替你过生活。

你不想遭遇的事物，全部会跑过来让你学习。学习的用意，就是让我们能活在当下不执着。

讲了这么多，要是你有慧根，应该知道怎么做吧？

让他走。

你极力抗拒不让他走，才是让他永远无法真心爱你的原因。

而且，当男人知道他可以走，很诡异的是，他反而会愿意回来，因为他知道你不会限制他，他就会因此待得更久，人性就是这么奇妙。

我给的建议，也是聚焦于要大家认清事实以后放下，**无论你多爱他，以爱之名，可以给对方的最好的礼物，就是允许他拥有自由。**

自由的权利，即是要：尽力不让他因为离开我们而产生负面感受，尽力去接受他离开的决定。他有一天若是回头，看我们当时的状态，再决定要不要接受。

非常困难，却是正确的道路，我请大家跟我一起努力，在这条道路上，我们都不是孤单的。

不要逼自己一夜之间想通和看开，那是不可能的。但是，要信任自己内在的坚强韧性，把问题和烦恼都交给时间去解决，因为所谓爱自己的真意，就是不向外求，我们给自己的爱已经足够。

那个时候，你对别人的爱，会更抱以感谢之意，因为你知道，他也可以不要给。

同时，付出也不会有回报的期待，因为爱自己的人，不会做不情愿的付出。凡是可以付出，必定是心甘情愿，而且不求回报。

祝福每一个改变吧！

犯错语录

◎ 分手的理由最不重要。

◎ 先不要，先放下，甚至当作他根本不存在了，才是对自己和对方最好的方式。

◎ 没有一种觉醒不带着痛苦。

◎ 要是将残酷现实包装为前进动力，将所有幻灭当作是正面启示，自欺欺人又有什么不好？

◎ 让他走。你极力抗拒不让他走，才是让他永远无法真心爱你的原因。

◎ 无论你多爱他，以爱之名，可以给对方的最好的礼物，就是允许他拥有自由。